자폐 영유아와
함께
놀이하며
성장하기

함께웃는시리즈 7

자폐 영유아와
함께
놀이하며
성장하기

남보람 지음

부모를 위한
생활 속
NDBI 가이드

새로온봄

목차

1부

어서오세요, 자폐라는 세계

2부

Love Play Learn

3부

일상에서

자폐 영유아는 자꾸 늘어난다고 하는 데, 부모님들은 여전히 내 아이가 자폐 진단을 받아도 무엇을 어디서부터 시작해야 할지 어렵습니다. 빨리 발견하고, 빨리 잘 개입하면 아이가 더 많이 좋아질 수 있다고 하는 말을 믿어보며 빨리 할 준비를 했어도 어떤 게 '잘'하는 것인지를 판단하기는 더 어렵습니다. 사실 어떤 교육이나 프로그램의 효과를 입증하는 것은 전문가가 고민하고 책임져야 할 몫인 데 우리 부모님들은 신뢰할 수 있고 효과가 입증된 방법들을 찾는 것부터 시작해야 하기도 합니다.

이 책은 자폐 자녀를 잘 지원하기 위해 부모님들이 자녀의 특성을 잘 이해할 수 있도록 안내하는 것에서 시작하고 있습니다. 또한 이미 검증되어 있는 방법들을 잘 풀어서 소개함으로써 어렵지 않게 활용할 수 있도록 재미있게 설명하고 있습니다.

부모님들은 모든 방법을 다 해보고 싶으시겠지만, 저라면 가장 잘 실천할 수 있는 몇 가지 활동을 메모해서 냉장고에 붙여두고 꾸준히 해보는 것으로 시작할 거 같습니다. 저는 326쪽에 채은이와 함께하는 빨래개기가 아주 인상적이었습니다. 부모님들이 일상에서 자연스럽게 실천할 수 있는 접근방법이 과학적이고 체계적으로 입증된 것이라니, 얼마나 매력적인가요. 아마 326쪽 채은이의 이야기를 먼저 읽어보시면 앞 쪽의 내용이 더 궁금해질 것 같습니다.

자폐성 장애를 지금 막 진단받은 부모님들이 혹은 아직도 치료의 홍수 속에서 어떤 중심을 잡고 아이와 상호작용을 하며 사회적 관계를 가르치고 발달을 도와줘야 할 지를 모르시는 부모님들이 읽으시면 정말 많은 도움이 되리라 생각합니다.

윤선아

서울대학교병원 소아청소년정신과 특수교육 주임교사
이화여대 특수교육과 겸임교수, 《장애인 가족지원》 저
《발달단계별, 특성별로 접근한 자폐부모 교육》 등 공저
《자폐 범주성 장애》《Scerts 모델1》 등 공역

참으로 따뜻한 책을 만났습니다. 특수교육학 박사이자 조기개입 전문가인 저자는 자폐 영유아 부모님들이 더이상 절망하거나 헤매지 않고 편안하게 아이와 함께 잘 살아갈 수 있도록 따뜻한 위로를 전해주며 길잡이가 되어 주고 있습니다.

자폐성 장애를 가진 아이들을 양육하는 부모님들에게 이 책은 소중한 삶의 안내서가 될 것입니다. 자폐성 장애를 가진 아이들도 놀이를 통해 배우고 성장할 수 있다는 저자의 메세지는 참으로 희망적입니다. 아이의 눈이 반짝이는 것을 찾아 놀이를 시작할 때 아이의 뇌는 가장 잘 배울 수 있는 최적화된 상태가 된다고 저자는 말합니다. 저자의 안내에 따라 아이와 충실히 놀이하면서 아이의 성장을 관찰하고 함께 기뻐할 수 있으면 좋겠습니다.

이 책을 읽고 있으면 전문가가 바로 나의 곁에서 아주 친절하게 코칭을 해주는 듯한 느낌이 듭니다. 부모님들이 이 책을 항상 곁에 두고 아이와 놀이를 할 때마다 수시로 참고할 수 있으면 좋겠습니다. 그렇게 실천한다면 이 책은 어마어마한 가치를 지니게 될 것입니다. 전문가의 친절한 코칭을 받으며 놀이의 세계로 빠져보면 어떨까요?

엄마 아빠와 즐거운 놀이를 하는 매일의 일상이 쌓이면 아이와의 삶은 행복 그 자체가 될 것입니다. 매일 하루 15분 놀이. 마음만 먹으면 누구나 할 수 있지 않을까요? 아이의 주도를 따르고 부모도 함께 즐길 수 있는 놀이는 가족의 삶을 건강하고 행복하게 만들어 줄 것입니다. 이 책의 핵심 메시지처럼 '사랑하며 놀며 배우는' 가정에서 아이는 누구보다 건강하게 자기만의 색깔대로 자기만의 속도대로 잘 자라날 것입니다.

김명희

초등교사, 〈모두를 위한 통합교육 연구회〉 회장
《신경다양성 교실》 저, 《교사 통합교육을 말하다》 공저

발달은 모두에게 일어나는 더 나은 변화입니다. 자폐아동의 특정 분야에서의 어려움이 그 아이의 모든 발달을 대표하지 않습니다. 그저 특정 영역에서의 발달에 어려움이 있는 그 아이에 맞는 상호작용 방식이 이뤄진다면 아이의 다양한 발달 변화를 볼 수 있습니다.

이 책은 자폐와 같은 발달 특성이 있는 아이들을 위해 필요하고 적합한 상호작용 방법으로 소통과 발달을 촉진할 수 있다는 점

을 강조합니다. 그리고 그 원리들을 일상에서 실천할 수 있게끔 이해하기 좋은 설명으로 상세히 안내합니다. 또한, 자폐아동과의 효과적인 소통을 위한 구체적이고 실질적인 방법을 아주 쉽게 풀어주고, 다양한 사례를 통해 이해하도록 돕습니다.

이 책이 제공하는 깊이 있는 안내와 실천적 조언은 자폐아동뿐만 아니라 모든 아이들과의 상호작용을 풍부하게 할 수 있는 기반이 될 것입니다. 발달을 이해하고 지원하는 것은 자연스러운 일상에서 늘 '사랑하고, 함께 놀이하며, 배우고 성장하기'를 이뤄내는 실천을 통해 가능할 것입니다. 이 책과 함께 더 많이 사랑하고, 더 많이 함께 노는 일상을 채우시길 바랍니다.

지석연
작업치료사, 〈시소감각통합상담연구소〉 소장
《학교에는 작업치료가 필요합니다》 역

이 책은 어린 자폐 자녀를 키우는 부모님들을 위한 실용적이고 친절한 안내서입니다. 저자는 과학적인 근거를 바탕으로 한 전략들을 부모님들이 사랑하는 자녀들과 함께 쉽게 활용할 수 있도록 상세히 안내합니다.

이 책은 부모님들이 일상에서 자연스럽게 자녀의 사회적 기술을 향상시키는 데 도움을 주고, 자폐 자녀들의 조기 발달을 최적화하는 데 필수적인 도구를 제공할 것입니다. 무엇보다, 아이의 성장을 지원하고 싶은 부모님들에게 경직된 행동 치료를 넘어서 자연스러운 상황에서 즐겁게 상호작용을 하며 아이의 발달을 촉진하는 데 소중한 자원이 될 것입니다.

김소현
고려대학교 심리학부 교수, 한국자폐학회 학술이사
《어린 자폐 자녀를 위한 ESDM 부모용 지침서》 공역

일러두기

1. 자폐를 지칭하는데 현재 가장 널리 사용되는 용어는 Autism Spectrum Disorder(ASD: 자폐 범주성 장애)로, 의학계에서는 '자폐 스펙트럼 장애', 법에서는 '자폐성 장애'라는 말을 사용합니다. 이 책에서는 모든 용어를 종합하여 '자폐'라는 단어를 사용합니다.
2. 본문에 사례로 등장하는 인물에는 가명을 썼습니다.
3. 본문의 사례 중 일부는 독자의 이해를 돕기 위해 각색하였습니다.

1부

어서오세요,
자폐라는 세계

우리 아이
왜 이럴까

' 아가야, 세상에 온 것을 환영해! 반가워!'

조그마한 손발을 가진 예쁜 아기가 방금 세상에 나왔습니다. 모든 엄마 아빠는 이 아이가 자신들의 사랑을 받으며 건강하고 멋지게 잘 자랄 거라고 기대합니다. 그런데 언제부터였을까요. 아이의 발달에 뭔가 빨간불이 들어오기 시작했습니다. 이 빨간불은 엄마 아빠가 직접 발견하기도 하고, 'OO이는 좀 느린 것 같다'는 주변 사람들-할머니, 할아버지나 비슷한 또래를 키우는 이웃-의 우려를 통해서 알아채기도 합니다. 혹은 영유아 검진에 갔다 소아과 의사

자폐 영유아와 함께 놀이하며 성장하기

선생님이 정밀 발달 검사가 필요하다고 하거나, 어린이집이나 유치원 선생님의 우려 섞인 이야기로 인식하게 됩니다.

'아니야. 그냥 좀 느린 걸 거야'

'내 배우자도 말이 느렸다던데, 좀 더 기다리면 되지 않을까?'

'남자 아이들이 좀 느리지 않던가?'

'설마 그…… 자……폐는 아니겠지?'

'이렇게 날 보고 방긋방긋 웃는 아이가 그럴 리 없어'

'멀쩡한 애를 보고 문제가 있다니, 그 사람 정말 안 되겠네'

이런 생각을 하면서도 한편으로는 불안이 밀려옵니다. 혹시나 하며 검색해 봅니다.

'○○개월 눈맞춤'

'자폐 초기 증상'

'호명 반응'

'○○개월 발달'

인터넷에 있는 수많은 정보를 보면서 더 깊은 혼란에 빠집니다.

병원에 가보는 게 좋을지, 조금 더 기다려봐야 될지, 발달이 느린 건 확실한 것 같은데 어디서 어떻게 검사를 하고 진단을 받아야 할지, 이 아이를 위한 교육이나 치료는 어떻게 해야 할지 막막하기만 합니다. 이 책을 펼친 독자 가운데는 이 과정 중에 있거나, 아이의 발달에 어려움이 있다는 것을 알게 되었지만 앞으로의 교육과 치료가 모두 부모의 몫이라는 것을 알고 좌절하거나 낙담하고 있을지도 모릅니다. '부모로서 내가 무엇을 하면 아이에게 도움이 될까?' 그 방법을 찾아 헤매다 이 책을 만났을 수도 있습니다. 이 책은 이런 부모님들에게 자폐에 관한 과학적으로 검증된 정확한 정보를 제공하고, 일상에서 아이와 함께 놀며 어떻게 발달을 이끌 수 있는지 안내할 목적으로, 그 세세한 방법을 체계적으로 정리해 담았습니다.

그러면, 아이의 자폐를 발견하고 앞으로 어떻게 해야 하는지 고민하는 단계의 부모님들의 질문에서부터 그 해법을 함께 찾아볼까요?

우리 아이는 자폐일까요?

진단은 의료의 영역이어서 유아특수교사 자격을 가진 조기개입 전문가인 제가 아이를 보고 자폐다 아니다 진단을 내릴 수는 없습니다. 또, 이 책은 아이가 보이는 발달을 체크해 자폐인지 아닌지를 결정하는데 도움을 줄 수 있는 책은 아닙니다. 진단을 비롯한 의학적 소견이 필요한 경우에는 소아정신과 전문의를 만나야 합니다.

하지만 진단명만큼 중요한 것이 아이의 현재 발달 모습입니다. 자폐와 언어 발달 지체 등으로 인해 사회 의사소통의 어려움을 겪는 아이들을 양육하는 부모님에게는 무엇보다 부모로서 가정과 일상에서 아이와 어떻게 함께하고, 어떤 역할과 노력으로 아이의 성장 발달에 도움을 줄 수 있는지 좋은 가이드가 필요합니다. 아이의 발달을 세심히 관찰할 수 있는 사람도, 발달을 촉진할 다양한 상호작용을 가장 많이 할 수 있는 사람도 부모이기 때문입니다. 이 책은 일상에서 함께할 방법을 과학적으로 체계적으로 안내합니다.

조금 더 기다려 보는 건 어떨까요?

발달이 3-4개월 느리기만 한 경우 조금 기다리면 나아질 수도 있습니다. 하지만 언어 발달이 느린 데다가 상호작용을 할 때 뭔가 이상하다고 느껴진다면 지금 바로 개입(발달을 촉진하기 위한 다양한 노력을 기울이기)해야 합니다. 개입을 빨리 시작할수록 효과는 클 수 있습니다. 정확한 진단을 기다리는 것으로 얻을 수 있는 이득보다 지금 당장 개입하지 않아서 잃게 되는 것이 훨씬 많습니다. 아이의 문제가 명확하게 밝혀질 때까지 기다리기보다는 지금 당장 개입을 시작하는 것이 좋습니다. 최근 연구[1]에 따르면 자폐의 행동 특징이 나타나자마자 중재를 시작하면 이후의 인지적인 문제나 언어 발달, 문제 행동 등의 어려움을 예방할 수 있습니다. 그렇기 때문에 문제를 감지하는 즉시 자폐 아동이 경험하는 핵심적인 어려움인 사회 의사소통을 가르치기를 권합니다. 일상에서 부모님들이 아이에게 어떻게 반응하고 중재해야 하는지를 쉽게 이해하고 활용하도록 2부에서 자세히 안내합니다.

어쩌다 이렇게 된 걸까요?

♥

아이의 발달에 빨간불을 발견한 순간부터 부모님들은 끝없는 자책이나 고민에 빠집니다. '내가 무슨 잘못을 한 것일까?' 하지만 자폐는 부모가 특별한 잘못을 해서 걸린 질병이 아닙니다. 자폐는 그저 뇌 신경 발달상의 장애로 인해 발달에 어려움이 있는 상태입니다. 아직 의·과학도 분명히 밝히지 못한 자폐의 원인을 찾는다거나 누군가의 잘못인 것처럼 탓하기보다는 현실을 바로 보고 앞으로의 할 일을 찾는 것이 현명한 접근입니다.

왜 우리에게만 이런 일이?

미국 통계[2]에 따르면 자폐로 진단받은 아동이 20년간 4배 이상 증가했습니다. 2000년 1,000명당 6.7명에서 2020년 1,000명당 27.6명으로 크게 는 것입니다. 우리나라도 10년 전 연구 결과[3]에 따르면 1,000명당 20명 수준이었는데 점차 증가하는 추세입니다. 이 수는 자폐로 진단받은 아동의 숫자이고, 진단을 받지 않았지만 자폐와 비슷한 행동 특성을 보여서 지원을 필요로 하는 아이들을 포함하면 이보다 훨씬 더 많습니다. 관심을 갖고 둘러보면 우리 주변에서 쉽게 만날 수 있습니다.

그럼 이제부터 무엇을 해야 하나요?

♥

아이가 보통의 또래 아이들과 다른 모습으로 발달한다는 것을 확인했다면, 이제는 아이가 잘 발달할 수 있도록 돕는 것이 우리의 할 일입니다. 먼저, 아이 발달에 도움을 줄 수 있는 기관을 찾아 자폐와 발달에 관한 정확한 정보와 네트워크 등 지원 환경을 아는 것이 필요합니다. 그리고 전문가와 함께 아이의 발달을 살펴보고 어떻게 도와주면 좋을지 함께 고민해 보는 것도 필요합니다. 무엇보다 부모가 전문가가 되어야 합니다. 의사나 교사, 치료사가 되라는 말은 아닙니다. 영유아 시기, 아이가 가장 많은 시간을 보내는 장소는 집이고, 가장 많은 시간을 함께 보내는 사람은 엄마 아빠입니다. 아이에 대해 누구보다 정확하게 알고, 잘 발달할 수 있도록 적절하게 돕는다면 아이의 발달에 훌륭한 도우미가 될 수 있습니다. 이 책은 엄마 아빠가 아이의 특성을 정확히 이해하고 발달을 돕는 길을 안내합니다.

지피지기면 백전백승이라 했습니다. 그러면 자폐 아이를 잘 키우기 위한 첫걸음으로 '자폐'가 무엇인지 살펴보겠습니다.

자폐 영유아와 함께 놀이하며 성장하기

자폐
바로 알기

'자폐'라는 단어를 들으면 어떤 느낌이 드나요? 어쩐지 어디에 갇힌 것 같은 느낌이라면 단어의 뜻을 잘 이해하고 있는 것입니다. 자폐는 'self'라는 뜻의 그리스어 'autos'에서 따온 'autism'을 번역한 말로, 한자로는 '스스로 자自'에 '닫을 폐閉' 자를 씁니다. 그래서 '자폐'는 '스스로 갇혔다'라는 의미로 다른 사람과 소통하기 어려운 특징을 나타냅니다.

그렇다면 정말 자폐 아이는 '스스로' 다른 사람과 소통하기를 거부하는 걸까요? 전혀 그렇지 않습니다. 자폐는 다른 사람과 소통하기를 '거부하지' 않습니다. 자폐 아이도 다른 사람과 소통하고 관계를 맺고 싶어합니다. 다만 자연스럽게 소통하는 방법을 알기 어려울 뿐입니다. 그렇기 때문에 적절한 도움이 있으면 충분히 의미 있는 관계를 맺으며 살아갈 수 있습니다.

단어가 주는 무거움 때문에 우리는 오랜 시간 자폐를 오해했습니다. 원인을 알지 못하고 오해가 확산되다 보니 자폐라는 장애를 더욱 두려워하게 되었고, 소통하는 법을 잘 몰라 사회 속에서 함께 살아가는 데에 어려움을 겪었습니다. 하지만 많은 연구 끝에 자폐는 '스스로' 닫는 것이 아니며, 다만 조금 다른 방식으로 세상과 소통한다는 것을 알게 되었습니다. 요즘에는 자폐를 뇌 신경 발달의 차이로 발생하는 다양성으로 보는 '신경 다양성' 관점의 인식도 늘고 있습니다. 자폐를 의학적으로만 접근할 것이 아니라, 함께 살아가는 사회를 구성하는 다양한 삶(특성)의 모습 중 하나로 이해하는 사회적 접근의 중요성이 커진 것입니다.

의학적으로 자폐는 다른 사람과 상호작용 하고, 소통하고, 행동하는 방식에 영향을 미치는 신경 발달상의 장애입니다. 자폐는 모든 연령대에서 진단할 수 있지만 일반적으로 생후 첫 2년 안에 증상이 나타나기 때문에 '발달장애'(시기에 적절한 전형적인 발달이 이루어지지 않은 상태)라고 합니다. 현재 의학에서 자폐를 진단하는 데 가장 널리 사용하는 미국 정신과 협회의《정신장애 진단 및

자폐 영유아와 함께 놀이하며 성장하기

통계 매뉴얼》(DSM-5-TR; 제5판 수정판으로 최신본)에서는 autism spectrum disordersASD라고 부르며, 이를 우리나라에서는 '자폐 범주성 장애' 또는 '자폐 스펙트럼 장애'로 번역합니다.《정신장애 진단 및 통계 매뉴얼》에 따르면, 다른 사람과의 의사소통과 상호작용의 어려움, 제한된 관심사와 반복적인 행동으로 인해 학교, 직장 및 기타 생활 영역에서 기능하는 능력에 영향을 미치는 증상을 생애 초기에 보일 때 자폐 범주성 장애라고 진단합니다. 그런데 이 증상은 사람마다 나타나는 모습이 매우 다양합니다. 누군가는 전혀 말을 하지 못하고, 누군가는 말은 잘하는데 다른 사람과 관계 맺는 것을 어려워합니다. 즉, 자폐는 전형적인 형태의 행동 특징이라든가 표준 유형이 없으며, 사람마다 경험하는 증상의 유형과 심각도에 큰 차이가 있기 때문에 '스펙트럼' 또는 '범주성'이라는 용어를 사용합니다.

과거에는 발달 전반에 어려움이 있다는 의미로 '전반적 발달 장애pervasive developmental disorders'라고 부르기도 하였고, 또 전반적 발달 장애를 '자폐성 장애' '레트 증후군' '아스퍼거 증후군' '달리 분류되지 않는 전반적 발달장애' 4가지로 나눠 진단하기도 하였습니다. 아직도 임상 현장에서는 언어 발달이 또래와 비슷하면서 자폐의 특징을 보일 경우 '아스퍼거 증후군'이라는 진단명을 사용하기도 하지만 자폐 범주성 장애에 해당한다고 이해하면 됩니다.

자폐는 아동이 보이는 행동에 바탕을 두고 진단을 내리기 때문에 진단하는 의사에 따라 편차를 보일 수 있습니다. 그 때문인지 아직도 36개월 이전에는 자폐라고 진단을 내릴 수 없다는 전문가가 많이 있고, 또 아이의 자폐 초기 사인을 빨리 발견했음에도 불구하고 아이가 더 크길 기다리는 경우도 많습니다. 이러한 이유로 아이는 만 4~5세가 될 때까지 진단을 받지 못하게 될 수 있고, 그러면 초기에 집중적으로 개입할 수 있는 골든 타임을 놓치게 됩니다. 가장 안타까운 부분입니다. 하지만 최근 연구[4]에 따르면 자폐는 14개월이면 안정적으로 진단할 수 있습니다. 자폐의 초기 징후를 발견한다면 가능한 한 즉시 진단을 받고 조기개입을 시작해야 합니다.

자폐의 초기 증상

다음은 미국 국립보건원National Institutes of Health에서 안내한 자폐의 초기 징후와 증상입니다. 자폐가 있는 모든 사람이 아래의 모든 행동을 하는 것은 아니지만, 대부분은 이와 비슷한 모습을 보입니다.

사회 의사소통 및 상호작용 행동

- 눈맞춤이 적거나 일관성이 없다.

- 말하는 사람을 보지 않거나 듣지 않는 것처럼 보인다.

- 다른 사람에게 어떤 것을 가리키기나 보여주기 등으로 사물이나 활동에 대한 관심, 감정 또는 즐거움을 자주 공유하지 않는다.

- 다른 사람이 이름을 부르거나 관심을 끌었을 때 반응하지 않거나 느리게 반응한다.

- 대화를 주고받기 어렵다.

- 다른 사람이 관심 없어 하는 것을 알아차리지 못하고 좋아하는 주제에 대해 길게 이야기하거나 대답할 기회를 주지 않는다.

- 말할 때 어색한 표정, 움직임, 제스처를 사용한다.

- 말할 때 노래하는 것 같거나 단조롭고 로봇 같은 특이한 톤으로 말한다.

- 다른 사람의 관점을 이해하지 못하거나 다른 사람의 행동을 예측하거나 이해할 수 없다.

- 사회적 상황에 맞게 행동을 조절하기 어렵다.

- 상상력이 풍부한 놀이를 하거나 친구를 사귀기 어렵다.

제한적이고 반복적인 행동

- 특정 행동을 반복하거나 단어나 문구를 반복하는 것(반향어) 같은 평범하지 않은 행동을 한다.
- 특정 주제(예: 숫자, 공룡, 전자기기 등)에 대해 지속적이고 강렬한 관심을 보인다.
- 움직이는 물체나 사물의 일부 등에 과도한 관심을 보인다.
- 일상생활에서 약간의 변화를 견디지 못하고 전이 상황을 힘들어한다.
- 다른 사람에 비해 감각 자극(예: 빛, 소리, 옷, 기온 등)에 대해 심하게 민감하거나 심하게 둔감하게 반응한다.

아이의 행동이 위에 나온 자폐의 일반적인 징후, 증상과 비슷하다면 지금 즉시 전문가를 찾아가길 권합니다.

자폐의 강점으로 드러난 특성들도 있습니다.

자폐로 인해 가질 수 있는 강점

- 어떤 것에 대해 자세히 배울 수 있고 오랫동안 기억할 수 있다.
- 강력한 시각 및 청각 학습자이다.
- 수학, 과학, 음악, 미술에서 뛰어나다.

자폐를 둘러싼 오해와 진실

♥

자폐는 다른 장애와 달리 많은 오해가 있습니다.

그 이유는 첫째, '자폐'라는 진단을 받은 사람들의 모습이 매우 다양하기 때문입니다. 자폐가 있는 사람 중에 말을 한 마디도 못 하는 사람도 있지만, 또래보다 더 잘하는 사람도 있습니다. 다른 사람의 눈에 띄도록 손을 펄럭이거나 빙글빙글 도는 행동을 하는 사람도 있지만, 얼핏 보면 행동에 문제가 없어 보이는 사람도 있습니다. 이런 다양한 스펙트럼으로 인해 우리가 '자폐'를 떠올릴 때 각자 머릿속에 떠오르는 모습이 모두 다릅니다. 누군가는 TV드라마에서 본 이상한 변호사 우영우를, 누군가는 영화 〈레인 맨〉에 나온 더스틴 호프먼을 생각할 수도 있습니다. 또 누군가는 사건 사고 뉴스에 나왔던 어느 자폐인을 떠올릴 수도 있습니다. 각자가 자폐에 대한 상이나 전형적인 모습을 다르게 떠올렸기 때문에 그동안 우리는 각자 다른 자폐 이야기를 하고 있었습니다.

둘째, 자폐에 대해 아직도 밝혀지지 않은 것이 많고, 자폐의 특성과 원인에 대한 초기 발견자 및 옛 연구자들의 잘못된 견해가 아직도 망령처럼 떠돌아다니고 있기 때문입니다. 이후의 많은 연구를 통해 자폐에 대해 정확하게 밝혀진 내용이 많음에도 불구하고 여전히 잘못된 정보가 인터넷에 버젓이 돌아다니고 있습니다. 그렇기 때문에 자폐에 대해서는 과학적으로 검증된 최신의 정확한 정보를 찾는 것이 필요합니다. 여기서는 대표적인 오해 몇 가지를 함께 살펴 보겠습니다.

자폐의 원인은 잘못된 양육방식이다. (×)

1943년 학계에 자폐를 최초로 보고한 레오 캐너Leo Kanner가 자녀에게 애착이 없는 어머니 때문에 자폐 증상이 생긴다는 주장을 한 이래로 오해가 깊어져 1960년대에는 자녀에게 냉정하게 대하는 '냉장고 엄마refrigerator mother'때문에 자폐가 발생한다고 하였습니다.[5] 하지만 이내 다른 연구자들이 이는 사실이 아니라는 것을 밝혔습니다. 그럼에도 불구하고 이러한 잘못된 주장은 오랫동안 부모에게 큰 죄책감과 부담감을 갖게 하였습니다. 자폐는 애착형성이 실패해서 생긴 애착장애가 아닙니다. 자폐 자녀를 둔 부모님의 양육방식이나 애정은 다른 부모님과 전혀 다르지 않으며, 이는 자폐 발생과 관련이 없습니다.

현재까지 밝혀진 바에 의하면 자폐는 신경 발달상의 문제로 임신 초기 뇌 발달 과정의 이상으로 발생하는 것으로 보고 있습니다. 그 중에서도 유전적인 영향이 가장 클 것으로 예상합니다. 하지만

자폐 영유아와 함께 놀이하며 성장하기

유전적인 원인이라는 것이 단순히 부모가 아이에게 자폐 유전자를 물려주었다고 해석하기보다는 어떤 이유로든 유전자에 문제가 생겨 정상적인 기능을 하지 못할 때 발생한다고 이해해야 합니다.

또한, 엄마가 임신 중에 스트레스를 받아서 혹은 태교를 잘못해서 자폐가 생긴다는 주장은 어디에도 명확한 근거가 없습니다.

자폐의 원인은 백신접종이다. (×)

한때 정상 발달을 하던 아이가 홍역, 볼거리, 풍진MMR 백신을 맞은 다음 자폐 증상이 나타났다는 주장이 있었습니다. 이에 따라 백신 접종으로 인해 자폐가 발생했다는 주장을 검증하기 위해 많은 연구가 이루어졌으나 연구 결과를 종합해 볼 때 백신 접종이 자폐에 영향을 미친다는 과학적인 증거는 없습니다. MMR 접종 시기와 자폐 증상을 발견하는 시기가 비슷하고, 자폐의 30%정도가 첫돌~18개월 무렵까지 정상 발달을 하다가 눈맞춤이나 언어 퇴행을 한다는 것을 고려하면 그런 오해를 할 수도 있겠다는 생각이 듭니다. 하지만 여러 역학 연구에 따르면 백신 접종과 자폐는 명확한 연관성이 없습니다.

자폐 아동은 학습할 수 없다. (×)

자폐 아동을 대상으로 한 많은 중재 연구에서 자폐 아동이 인지, 언어, 사회 의사소통, 대·소근육 운동, 생활 기술에 이르기까지 많은 기술을 학습하고 발달하는 것을 확인했습니다. 대다수의 자폐 아동은 적절한 교육과 치료를 통해 학습할 수 있습니다. 자폐는 스펙트럼이 매우 넓어 스펙트럼의 한쪽 끝에는 학습이 어렵고, 진전이 매우 느린 아이도 있을 수 있습니다. 하지만 가족과 전문가가 효과적인 교육 방법을 지속적으로 사용한다면 충분히 학습하고 발달이 진전될 수 있습니다. 아이와 가족의 삶은 느릴 수 있지만 꾸준히 개선될 수 있습니다.

자폐 아동은 모두 특별한 재능을 하나씩 가지고 있다. (×)

영화나 TV에 나오는 자폐인은 대부분 특별한 재능을 하나씩 가집니다. 책 한 권을 통째로 외우거나 한눈에 수많은 조각의 개수를 셉니다. 달력의 날짜를 들으면 요일을 계산해 내기도 합니다. 그래서 아이가 자폐라면 어떤 특별한 재능이 있지 않을까, 기대하기도 합니다. 확실히 어떤 사람은 놀라운 능력이 있기도 하지만 모두가 그런 것은 아닙니다. 자폐인은 시공간적 능력, 신체 발달, 기계적인 암기력, 정리 및 조직화, 규칙 및 일과 유지하기 등에 다른 사람보다 강점을 보이기도 합니다. 이러한 강점은 아이들이 세상을 탐색하고 살아가는 데 도움이 될 수 있습니다. 이 또한 다른 사람에 비해 상대적으로 그렇다는 것이지 모든 자폐인이 다 그렇다는 것은 아닙니다. 하지만 아이의 강점을 찾고 발견해 키우고, 이 강점을 교육과 발달에 활용하는 것은 매우 필요합니다.

자폐를 극복하기 위해서는 치료를 빨리, 많이 받아야 한다. (×)

일단, 자폐는 극복할 대상이 아닙니다. 무언가를 극복할 대상으로 생각하면 이에 맞서 싸워야 합니다. 하지만 자폐는 치료해서 없앨 수 있는 성질의 것이 아니며, 평생 함께 살아가야 하는 것입니다. 물론 최근 연구에 따르면 조기에 발견하여 집중적인 지원을 받은 경우 일부는 눈에 보이는 행동으로는 자폐 진단 기준을 벗어나거나 전형적인 발달을 하는 또래와 구별할 수 없게 되었다고 합니다. 하지만 이것은 자폐를 극복하는 것과는 다릅니다. 자폐 성향을 가지고 있는 채로 사회와 소통하며 어울려 살게 되는 것입니다.

또한, 발견 즉시 개입하는 것은 정말 중요하지만, 무조건 치료실에 매달리거나 많은 시간과 자원을 쏟는 것만이 능사는 아닙니다. 무엇보다 가장 중요한 것은 일상을 함께하는 부모가 아이에 대해 정확히 파악하고 아이에게 맞는 중재를 선택하는 것입니다.

자폐 아동을 위한 중재

♥

'자폐'를 검색하면 조기개입, 중재, 치료, 교육 같은 단어들이 함께 붙어나옵니다. 저도 앞에서 이러한 단어를 사용했습니다. 모두 다 자폐 아동의 증상을 개선하고 기능을 향상시키기 위한 어떤 노력을 말합니다. 그렇지만 각 용어는 목적에 따라 조금씩 다른 의미를 가집니다. 먼저 '개입'과 '중재'는 둘 다 영어로 번역하면 'intervention'이라는 말로, 둘 사이에inter 와서ven 무언가를 하는 것을 말합니다. 전문가의 적절하고 효과적인 '개입'이 없으면 자폐 아동은 앞으로 성장과정에서 다른 사람과의 소통과 학습, 일상생활에 어려움을 많이 겪게 될 것입니다. 장애를 발견한 즉시, 즉 영아 시기부터 전문가가 (영아와 가족의 삶에 끼어들어) 치료나 교육을 제공하면 앞으로 살아가면서 겪게 될 어려움을 줄이고 발달에 도움을 줄 수 있습니다. 개입은 주로 영아기의 아동을 지원할 때 사용하는 단어로, 특히 0-2세 영아를 대상으로 장애가 발달에 나쁜 영향을 미치는 것을 줄이기 위해 이른 시기에 (영아와 가족의 삶에) 끼어드는 것을 '조기개입'이라고 합니다. 개입이 0-2세 영아에 한정해서 사용되는 용어라면, 중재는 모든 연령을 대상으로 한 교수 (치료/교육)의 의미로 폭넓게 쓰입니다. 자폐 아동이 한 사회의 구성원이자 독립적인 성인으로 자라도록 지원하기 위해서는 다양한 전문 분야의 통합적인 접근이 매우 중요하고 또 필요합니다. 자폐 아동의 증상을 완화시키고 학습을 돕는 다양한 치료도 필요하고 때로는 약물의 도움이 필요하기도 합니다. 의사소통, 사회성, 인지 발달 및 놀이 기술, 행동 문제 지원 등을 종합적으로 다루는 특수 교육도 필요하고, 가족이 장애 자녀를 잘 양육할 수 있도록 사회복지 지원도 필요합니다. 이렇듯 자폐 아동과 가족이 필요한 것을 채우고, 앞으로도 질 높은 삶을 살 수 있도록 하는 모든 지원을 중재라고 이야기합니다.

'스펙트럼'이
우리에게 알려주는 것

　15개월 희주는 엄마 아빠가 아무리 불러도 반응이 없습니다. 그런데 이상하게 밖에서 청소차 소리만 나면 하던 일을 모두 멈추고 창문 앞으로 달려갑니다. 또 희주는 평소에 노래 듣는 것을 좋아합니다. 그런데 쇼핑몰에 데리고 가면 노래 소리가 들리자마자 귀를 막고 소리를 지릅니다.

　36개월 지원이는 천재라는 소리를 자주 듣습니다. 아무도 가르쳐주지 않았는데 스스로 1~100까지 숫자를 깨치더니 지난 달부터 한글도 조금씩 읽기 시작했습니다. 말도 얼마나 잘하는지 하지 못하는 말이 없습니다. 지원이가 제일 좋아하는 놀이는 우주 탐험

자폐 영유아와 함께 놀이하며 성장하기

놀이입니다. 블록으로 매일 화성 탐사선을 만들어 우주여행을 가는 놀이를 합니다.

6살 유준이는 아직 말을 하지 못합니다. 하지만 스마트폰에 있는 AAC(보완대체의사소통) 어플을 사용해서 자신이 원하는 것을 표현할 수 있습니다. 간식 먹고 싶을 땐 '과자' 그림과 '주세요' 그림을 눌러서 '과자 주세요'라고 표현하고, 아빠의 도움이 필요할 땐 '아빠'와 '도와주세요' 그림을 눌러서 '아빠 도와주세요'라고 의사를 표합니다.

여기 세 아이가 있습니다. 세 아이 모두 자폐로 진단받았습니다. 이 아이들의 공통점은 무엇일까요? 몇 번을 읽어봐도 이 아이들은 공통점보다 차이점이 더 많아 보입니다. 어떻게 이 아이들을 자폐라는 이름으로 한 집단으로 묶을 수 있을까요?

자폐를 자폐라 부르지 않고 '자폐 범주성(스펙트럼) 장애'라고 부르는 이유가 여기에 있습니다. 자폐는 핵심 증상이라 불리는 두 가지 특징 - 사회 의사소통의 어려움과 전형적이지 않은 행동 - 을 제외하고는 다 다릅니다. 세 아이가 자폐로 진단받은 것은 셋 모두 사회 의사소통의 어려움과 전형적이지 않은 행동을 보였기 때문입니다. 그 외 다른 영역의 발달 수준은 매우 다양합니다. 인지, 언어, 감각, 운동, 특별한 관심 영역, 정서 조절(자신의 감정은 손상시키

사람들이 생각하는 자폐 스펙트럼의 모습

경도 자폐   중도 자폐

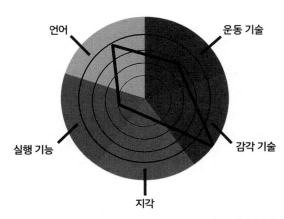

실제로 어떤 모습일 수 있는지

언어   운동 기술

실행 기능   감각 기술

지각

CAMHS professionals의 THE AUTISM SPECTRUM 인포그래픽을 국문 번역 및 재가공
출처: https://camhsprofessionals.co.uk/wp-content/uploads/2021/03/25.png

지 않으면서 상대방의 생각, 감정, 의도 등을 이해하여 융통성 있게 대처하는 능력), 일과에 대한 집착 등의 영역에서 공통적으로 보이는 특징은 그다지 없습니다. 이러한 '스펙트럼'을 이해하기 위해서는 새로운 눈이 필요합니다. 위의 그림을 같이 볼까요?

일반적으로 사람들이 생각하는 자폐 스펙트럼의 모습은 위쪽과 같습니다. 자폐인을 모두 한 줄로 세워서 가장 심한 자폐부터 가장 경한 자폐까지 구분할 수 있다고 생각합니다. 그렇다면 세 아이 중 누가 심하고, 누가 경할까요?

자폐의 실제 모습은 아래쪽과 같습니다. 스펙트럼은 하나의 선이 아니라 다양한 요소가 모인 방사형입니다. 다른 색(영역)은 각각 다른 특성을 나타냅니다. 동심원의 바깥으로 갈수록 증상이 심한 것이고, 중앙으로 갈수록 증상이 약해지거나 어려움을 보이지 않는 것을 의미합니다. 스펙트럼은 한 줄의 선이 아닌 입체 퍼즐에 가깝습니다. 그렇기 때문에 어떤 한 가지 기준으로 경중을 나누는 것은 불가능합니다.

희주는 감각이 상당히 예민하고 정서 조절에 어려움이 있습니다. 하지만 운동 발달에 어려움이 없고 일과에 대한 집착이 거의 없습니다. 지원이는 인지 발달과 언어 발달에 어려움이 없지만, 운동 발달이 느린 편입니다. 특별히 관심을 두는 분야가 있고 동일한 일과에 대한 집착이 강합니다. 유준이는 수용 언어(듣기와 읽기, 이에 대비되는 표현 언어는 말하기와 쓰기)는 좋은 편이지만 말로 표현하는 것은 어렵습니다. 하지만 정서 조절의 어려움이나 일과에 대한 집착이 거의 없습니다. 이처럼 한 아이 안에서도 각 영역마다 차이가 있습니다. 일반적으로 많은 사람들이 '경도mild' 자폐라고 부르는 경우는 인지 및 언어 발달에 있어 어려움이 적은 편이긴 하지만, 그렇다고 감각이나 정서 조절의 어려움이 없다는 것을 의미하지는 않습니다. 마찬가지로, '중도severe' 자폐라고 부르는 경우도 인지 및 언어 발달의 지체가 큰 편이긴 하지만, 그것이 운동 발달의 지체까지 의미하는 것은 아닙니다. 자폐인은 한 사람 한 사람 다 다르고, 한 사람 안에서도 발달 영역마다 다르고, 심지어는 한 발달 영역 안에서도 다양한 스펙트럼이 존재합니다.

이렇게 다양하다니…. 익숙한 느낌이 들지 않나요?

사실 모든 사람이 그렇습니다. 저는 어릴 때부터 공부는 꽤 잘하는 편이었지만 운동은 정말 못했습니다. 여전히 손으로 하는 모든 것은 다 잘하지 못하는 편입니다. 음악 듣는 것은 좋아하지만 큰 소리 나는 것을 싫어합니다. 외식할 때면 늘 먹던 것만 먹고, 사람 얼굴을 잘 기억하지 못합니다. 그렇지만 친구들의 전화번호는 기가 막히게 잘 기억합니다.

우리가 전형적이다, 일반적이다, 보통이다, 라고 말하는 대다수 사람도 모든 면에서 다 잘하거나 다 못하지 않습니다. 한 개인 안에서도 잘하는 것이 있고 못하는 것이 있습니다. 다양한 스펙트럼을 보이는 것입니다. 토드 로즈Todd Rose는 《평균의 종말》에서 (우리가 정상 또는 표준으로 여기는) 평균이라는 것은 허상이며 평균적인 재능, 평균적인 지능, 평균적인 성격 같은 것은 없다고 하였습니다.

자폐 영유아와 함께 놀이하며 성장하기

자폐인도 마찬가지입니다. 스펙트럼은 우리에게 자폐가 있는 모든 사람이 하나로 규정할 수 없는 다 다른 사람이라는 것을 알려 줍니다. 자폐인이라는 것이 그 사람의 모든 것을 다 설명할 수 없습니다. 자폐인은 (각자가 모두 다른) 우리와 똑같지만, 그저 자폐 특성이 있는 것뿐입니다. 하지만 우리는 똑같은 사람이라는 것은 쉽게 잊어버리고 자폐라는 특성에만 집착하기 쉽습니다. 폴라 클루스Paula Kluth는 '당신이 만약 자폐인 한 명을 안다면 당신은 한 사람의 자폐인을 아는 것이다'[6]라고 했습니다. 자폐인은 모두 서로 다르고, 또 각자의 방식으로 특별합니다.

사실, 자폐가 아니라도 우리는 모두 다르고 각자의 특성이 있습니다. 자폐를 이해한다는 것, 자폐 아이를 이해한다는 것은 바로 여기에서 출발합니다.

"우리 대부분은 누구나 어느 정도 자폐적인 모습을 가지고 있다."

- 로나 윙Lorna Wing -

틀린 게 아니라
다른 것입니다

    오래전에 아주 인상적인 글을 보았습니다. 우리는 외국사람이 길을 물으면 더듬더듬 영어로 대답해주면서 '내가 영어를 조금 더 잘했으면 더 멋지게 대답했을 텐데'라고 생각하는데, 우리 주변의 자폐 아동과 의사소통에 어려움을 겪으면 '너의 의사소통 능력이 빨리 발달해야 우리가 대화가 될 텐데'라고 생각한다는 내용이었습니다. 정신이 번쩍 들었습니다. 많은 사람이 '장애'라는 단어를 떠올리는 순간 '부족함' 또는 '할 수 없음'을 떠올립니다. 그래서 아이에게 장애가 있다면 치료를 통해, 교육을 통해 이 세상이 받아들이는 방식을 익혀가고 소통하기를 기대합니다. 하지만 소통은

자폐 영유아와 함께 놀이하며 성장하기

절대로 어느 한쪽의 노력으로 이루어지는 것이 아닙니다. 손뼉은 마주쳐야 소리가 납니다. 아이가 저 멀리서 손을 펴고 있을 때 아이가 올 때까지 가만히 기다리지 않고 엄마 아빠가 먼저 다가가서 아이 손에 자신의 손을 마주쳐도 소리를 낼 수 있습니다. 이런 소통의 경험은 또 다른 소통으로 이어지고, 차곡차곡 쌓이다 어느새 아이는 세상을 향해 나아갑니다.

자폐 아이는 많은 부분에서 또래와 비슷하게 자라지만, 또래와 상당히 다른 모습으로 자라는 부분도 있습니다. 많은 분들이 자폐로 인한 행동 특성을 잘못된 행동이라 바꿔줘야 하는 것으로 생각합니다. 하지만 아이들이 보이는 모습은 틀린 것이 아니라 다른 것입니다. 물론 자폐로 인한 어려움을 줄이고 아이가 다른 사람들과 관계를 맺고 일상생활을 잘 할 수 있도록 도와야 하지만, 그것이 자폐로 보이는 모든 특성을 없애야 한다는 말은 아닙니다. 오히려 그 특성을 이해하고 존중해주어야 합니다.

신경다양성

최근에는 성별, 인종, 나이, 종교, 문화 등 다양한 배경을 가진 사람을 존중하는 움직임과 발을 맞추어 자폐도 장애나 결함으로 보는 대신 뇌 신경학적으로 조금 다른 사람으로 보는 신경다양성 neurodiversity 관점도 확산되고 있습니다. 이 신경다양성에는 자폐뿐 아니라 ADHD, 난독, 학습장애, 사회 의사소통 장애 등 생물학적 다양성을 가진 사람을 모두 포함합니다. 이 관점에서는 뇌가 작동하는 '올바른' 방법이란 없습니다. 사람들이 세상을 인식하고 반응하는 방법은 다양하며, 이러한 차이를 존중해야 한다는 것이 신경다양성 관점 지지자의 생각입니다.

그렇다면 자폐 (또는 자폐 성향이 있는) 아이는 어떤 다른 모습이나 특상을 가지고 있을까요?

반향어

많은 자폐 아이가 반향어를 사용합니다. 반향어는 영어로 echolalia로 메아리라는 뜻입니다. 다른 사람이 말한 단어나 문구를 비슷한 억양으로 반복하는 것을 말합니다. '서준이 물 마실 거야?' 엄마가 물어보면 '응'이라는 대답 대신 '서준이 물 마실 거야?'라고 따라 하는 것입니다. 상대방의 말을 듣자마자 바로 따라 말하는 것은 즉각반향어라고 하고, 예전에 들었던 것을 기억해서 따라 말하는 것을 지연반향어라고 합니다. 아직도 많은 사람이 반

자폐 영유아와 함께 놀이하며 성장하기

향어는 무의미한 따라 말하기여서 언어 발달과 상호작용을 방해하기 때문에 없애야 한다고 오해하고 있습니다. 하지만 반향어는 자폐 아이가 언어를 배우는 다른 방식이며, 아이는 반향어를 통해 의사표현을 합니다.

대부분의 아이는 말을 배울 때 '엄마' '아빠' '할머니' '멍멍'을 배우고, 또 '물' '우유' '주스'를 배웁니다. 시간이 흐르면서 따로따로 배웠던 것을 합치기 시작합니다. '엄마 물' '엄마 우유' '아빠 주스' '할머니 물' 이런 식으로요. 아이는 자라면서 점점 더 길고 복잡한 문장을 구성해갑니다. 그런데 자폐 아이는 다른 방식으로 언어를 배웁니다. '엄마'를 배우는 대신 통째로 '엄마 물 주세요'를 배웁니다. 그래서 물을 먹고 싶을 때도 '엄마 물 주세요', 우유를 먹고 싶을 때도 '엄마 물 주세요'라고 이야기 합니다. 점차 문장에 익숙해지게 되면 그때부터 문장을 나누고, 그 속에 들어있는 단어를 떼어 다른 단어로 바꾸기도 합니다. 이렇듯 반향어는 말을 배우는 또 다른 방식입니다. 자폐가 아니더라도 영아 시기의 적지 않은 아이들이 이런 방식으로 말을 배웁니다.

모든 반향어가 아이의 의도를 표현하는 것은 아닐 수도 있습니다. '사탕 줄까 초콜릿 줄까' 물어보면 반향어를 사용하는 아이는 사탕이 먹고 싶어도 뒤의 말을 따라 해 '초콜릿 줄까'라고 말하기도 합니다. 그렇지만 아이가 상황에 적절하지 않은 이상한 말을 중얼거린다고 판단하는 것은 성급한 오해입니다. 예준이는 언젠가부터 화장실만 가면 뜬금없이 "살려주세요!"라고 외쳤습니다. 누가 때리거나 괴롭힌 것도 아닌데 아이가 저렇게 간절하게 살려달라 외치니 정말 곤란했습니다. 그러던 어느 날, 예준이 엄마와 상담을 하다 답을 찾았습니다. 예준이가 보는 만화영화에서 주인공이 도움이 필요할 때 하는 말이 바로 "살려주세요!"였던 것입니다. 예준이는 화장실에서 선생님에게 도움을 요청했던 겁니다. '도와주세요'라는 적절한 말보다 만화영화에서 봤던 그 상황이 더 강하게 기억에 남았던 겁니다. 이런 식으로 아이는 나름의 의사표현을 한 것입니다. 이럴 때 우리는 '왜 그렇게 말했어. 도와달라고 말해야지'라고 하는 대신 아이가 진짜로 표현하고 싶은 말인 '도와줘'를 알려주고, 아이의 표현에 담긴 의도대로 기꺼이 도와주면 됩니다.

감각 조절

자폐 아이는 감각을 받아들이고 조절하는 데 어려움을 겪는 경우가 많습니다. 큰 소리가 나도 돌아보지 않는다거나, 다쳤어도 웬만해선 울지 않는다거나, 사람이 많은 곳에서 소리를 지른다거나 하는 등의 모습은 감각을 받아들이는 반응이 남들과 다르기 때문

자폐 영유아와 함께 놀이하며 성장하기

입니다.

라디오 공익광고 '자폐라는 세상에서는' 자폐 아이가 경험하는 세상을 이렇게 설명합니다.

자폐라는 세상에서는

휴대폰 소리가 천둥소리처럼 들리는 사람도 있습니다.

도로의 소음이 전투기 소리처럼 들리는 사람도 있습니다.

사람들의 발소리가 산사태 소리처럼 들리는 사람도 있습니다.

자폐는 작은 소음도 큰 자극으로 느껴지는 세상입니다.

영국의 National Autistic Society에서 제작 한 공익광고(오른쪽 QR코드)도 자폐인이 경험하는 감각 조절의 어려움을 잘 보여줍니다. 우리가 살 아가는 세상은 수많은 감각정보로 뒤덮여 있습니다. 하지만 우리의 신경 시스템은 그 자극 중에서 많은 부분을 적당히 무시하고 중요하게 여기는 부분에만 초점을 맞춰 정보를 받아들입니다. 그런데 만약 모든 정보가 다 중요하게 전달되면 어떻게 될까요? 눈과 코, 입, 귀를 비롯한 우리 몸 전체에 전달된 수없이 많은 자극이 필터링 되지 않는다면 우리의 뇌는 아마 폭탄이 터지듯 극심한 혼란에 처하고 말 것입니다. 자폐 아이가 경험하는 세상도 이와 비슷합니다. 거름망이 없이 모든 정보가 쏟아져 들어옵니다. 그래서 너무나도 불안하고, 괴롭고, 힘듭니다.

감각 조절의 어려움은 모두가 동일하게 겪지는 않는데 이 또한 스펙트럼입니다. 어떤 아이는 정반대로 어느 정도는 정보가 들어와줘야 하는데 모든 감각 정보가 잘 입력되지 않아 세상에 참여하기가 어렵습니다. 어떤 아이는 작은 소리도 귀신같이 잘 알아듣는데 반면 몸에 피가 나도 모르기도 합니다. 어떤 아이는 맛에 민감해서 편식이 심합니다. 어떤 아이는 빛에 둔감해서 적당한 양의 자극을 채우기 위해 반짝거리는 것을 찾아 헤매기도 합니다.

감각 조절의 어려움으로 인해 나타나는 아이의 적절하지 않아 보이는 행동은 정말 '문제행동'으로 봐야 하는 걸까요? 혼내면 나아질까요? 없애야 하는 걸까요? 그 행동으로 인해 다른 사람이 불편을 겪는다면 곤란하긴 합니다. 하지만 아이가 나쁜 마음을 먹고 그런 것은 아니라는 것을 먼저 이해해주세요. 그리고 감각을 조절하는 다른 방법을 찾아주세요. 아이가 너무 과도한 감각 자극에 압도되기 전에 그 자리를 빠져나온다거나, 심호흡을 한다거나, 빛을 추구하는 아이에게 조명을 가지고 놀 수 있도록 해주는 등 충분히 다른 사람이 수용할 수 있는 방법이 있습니다. 아이의 상황을 이해

자폐 영유아와 함께 놀이하며 성장하기

하면 아이의 행동도 다르게 보이고 대처 방안도 찾을 수 있습니다.

시각적 학습자

사람마다 공부하는 방법도, 모습도 다릅니다. 어떤 사람은 책을 여러 번 읽습니다. 어떤 사람은 인강을 듣습니다. 어떤 사람은 쓰면서 외우고 어떤 사람은 입으로 되뇌이며 외웁니다. 어떤 방법이 가장 바람직한 공부법일까요?

모두에게 가장 바람직한 공부법은 없습니다. 자신에게 맞는 방법이 있을 뿐입니다. 자신에게 맞는 방법이 남에게도 왕도인 것은 아닙니다. 각자 가장 공부가 잘 되는 방법을 선택하면 됩니다.

자폐 아이들은 대체로 시각적 학습자입니다. 말로만 하는 것보다 뭔가 눈에 보이는 것이 있어야 더 잘 이해할 수 있다는 뜻입니다. 눈앞에 보이는 것은 계속 주시할 수 있는 정보지만 말은 흘러가는 정보입니다. 아이는 말로 전달되는 정보에 집중하고 기억하고 이해하기 어려워할 수 있지만 눈앞에 잘 정리되어 제시되어 있는 시각적 자료를 보면 더 잘 배울 수 있습니다.

자폐 아이뿐만 아니라 많은 아이들이 시각적 학습자입니다. 유치원이나 어린이집에 가면 등원-아침간식-자유놀이-바깥놀이-점심-활동-하원으로 이어지는 일과가 그림과 함께 차례로 쭉 붙어 있습니다. 아이의 이름 위에는 아이의 사진이 붙어있습니다. 교구장에는 놀잇감 사진이 붙어 있어서 아이들이 교구의 자리를 쉽게 찾습니다. 세면대 위에는 손 씻는 순서 사진이 붙어 있습니다. 말로만 하는 것보다 직접 보는 게 훨씬 더 명확해서입니다.

자폐 아이는 시각적으로 보고 배웁니다. 말로 하는 것보다 사진이나 그림, 혹은 실물로 제시했을 때 더 잘 배울 수 있습니다. 최근에는 동영상을 활용해서 알려주는 연구도 많이 이뤄지고 있습니다. 특히 동영상에 친구나 아이 자신이 나오는 모습을 보면 더욱 집중해서 보고 더 잘 배울 수 있다고 합니다. 아이가 왜 알아듣지 못하는지 답답해 하기 전에 아이가 알아들을 수 있게 우리가 정보를 제공했는지 한번 생각해 보면 좋겠습니다.

특별한 관심 영역

지한이는 숫자를 사랑합니다. 밖에 나가면 숫자를 찾느라 산책을 할 수 없을 지경입니다. 외출하면 엘리베이터를 타고 그 건물은 몇 층까지 있는지 꼭 확인합니다. 우영이는 자동차를 좋아합니다. 자다가도 자동차 이야기를 하면 벌떡 일어납니다. 앞모습만 봐도, 바퀴만 봐도 자동차의 종류를 알 수 있습니다. 종일 자동차 놀이만 합니다.

아이가 아주 특별히 좋아하는 것이 있나요? 이렇게 한 가지 주

자폐 영유아와 함께 놀이하며 성장하기

제에 좁고도 깊은 관심을 보이는 영역을 특별한 관심 영역special interest area; SIA이라고 합니다. 주제는 매우 다양합니다. 뽀로로, 티니핑, 로이 등 영화, 만화, 책, 게임 등의 특정 캐릭터일 수도 있고 음악, 미술, 춤 등 예술이거나 놀이, 열차, 비행기, 자동차, 로봇 등의 기계나 과학일 수도 있고 동물, 식물, 별, 날씨 등의 자연에서 역사, 지리, 언어, 문화 등의 인문학에 이르기까지 모든 영역을 아우릅니다. 이러한 관심을 부정적으로만 봐서는 안 됩니다. 고기능 자폐인 중에는 이런 특별한 관심 영역을 계속 탐구해서 학자가 되기도 합니다.

특별한 관심 영역은 단기간 집중적으로 관심을 가지기도 하고 관심이 평생에 걸쳐 유지되기도 합니다. 한 사람이 한 가지에만 관심을 둘 수도 있고 한 사람이 여러 가지에 관심을 가지기도 합니다. 이런 특별한 관심 영역을 가진 아이의 경우 다른 놀이에 관심을 전혀 보이지 않을 수도 있습니다.

하나만 가지고 놀면 너무 문제 아닌가요? 전혀 이상하지 않습니다. 영유아기의 많은 또래 남자아이들이 그렇게 놉니다. 놀이 참여를 방해하니 되도록 못 하게 하는 게 맞을까요? 아니요. 특별한 관심 영역은 아이가 사랑에 빠진 대상이라고 생각하면 좋습니다. 사랑에 빠진 상대와 억지로 떼어놓으려고 하면 역효과만 납니다. 로미오와 줄리엣은 억지로 떼어놓으려는 양 가문의 반대로 비극적인 세기의 사랑이 되어버렸습니다. 특별한 관심 영역은 아이의 관심사 확장과 학습에 중요한 역할을 하는 키포인트key point가 됩니다. 특별한 관심 영역이 있다면 사랑하는 것을 존중해주고 놀이에 활용하면 됩니다.

이외에도 자폐로 인해 다른 부분이 많이 있습니다. 자폐 아이들은 숲보다는 나무를 보는 경향이 있습니다. 디테일에 강합니다. 다른 사람의 마음과 자신의 마음이 다를 수 있다는 것을 이해하지 못하곤 합니다. 하얀 거짓말을 하지 못합니다. 다른 사람의 눈을 잘 쳐다보지 못합니다. 정해진 규칙이나 일과를 철두철미하게 지킵니다. 간혹 예술이나 수학, 언어, 기계 조작 분야에 특별한 재능을 가지기도 합니다. 이런 점들은 모두 자폐로 인해 다른 사람들과 구별되는 특성일뿐 틀린 것이 아닙니다.

있는 그대로 인정하기

아이의 모습을 있는 그대로 인정해주는 것이 모든 것의 시작입니다. 우리가 아이의 관점에서 보고 느끼는 능력을 통찰력 insightfulness이라고 합니다. 아이의 모든 행동과 말에 다 이유가 있겠지, 라고 생각하는 능력입니다. 통찰력을 발휘해서 아이의 관점에서 보고 느낄 수 있게 되면 아이를 더 잘 이해할 수 있고, 아이가 처한 상황에서 잘 지낼 수 있는 방법을 찾을 수 있습니다.

자폐의 특성이 잘 드러나지 않을 만큼 상당한 발전을 하는 아이들이 있긴 하지만 자폐는 평생 가는 특성입니다. 유치원 갈 때까지만, 초등학교에 들어가기 전까지만 열심히 하면 끝낼 수 있는 숙제가 아닙니다. 있는 모습 그대로 다른 사람과 함께 세상을 살아갈 수 있도록 돕는 것이 우리의 몫입니다. 그 첫걸음은, 우리가 먼저 아이를 있는 그대로 인정하는 것입니다. 다르다는 것을 받아들이는 것입니다.

산에 피어도 꽃이고 들에 피어도 꽃이고
길가에 피어도 꽃이고 모두 다 꽃이야
아무데나 피어도 생긴대로 피어도
이름없이 피어도 모두 다 꽃이야
봄에 피어도 꽃이고 여름에 피어도 꽃이고
몰래 피어도 꽃이고 모두 다 꽃이야

아무데나 피어도 생긴대로 피어도

이름없이 피어도 모두 다 꽃이야

<류형선 작사·작곡, '모두 다 꽃이야'>

우리 아이들은 모두 다 꽃입니다.

자폐 영유아와 함께 놀이하며 성장하기

기적의 완치법은
있을까?

　자폐는 완치할 수 있는 질병일까요? 자폐는 많은 연구가 이루어지고 있지만 여전히 베일에 싸여 있습니다. 자폐와 관련 있는 유전자가 발견되고 있고, 자폐 아동의 여러 특징이 발견되고 있지만 아직 자폐의 모든 것을 설명하기엔 부족합니다. 자폐는 현재로서는 완치할 수 있는 질병이 아닙니다. 자폐는 한 가지 원인에 의해 나타나는 한 가지 증상이 아닙니다. 자폐는 다양한 원인에 의해 사람마다, 그리고 한 사람 안에서도 발달 영역마다 다양한 증상과 차이를 보이는 장애입니다. 그래서 우리는 자폐 아동에게 '일상생활 기능을 높이고 삶의 질을 방해하는 증상을 완화하는 것을 목적으로' 중재를 합니다. 중재는 자폐 아동이 다른 사람과 관계를 맺고 함께 어울려 지내며, 세상을 배워가고, 일상생활을 할 수 있도록 능력을 향상시키는 데 도움을 줍니다.

그런데 소셜 미디어에서는 '자폐 완치'라는 말이 자주 눈에 띕니다. '자폐를 완치할 수 있다'고 주장하는 사람들이 많이 있습니다. 책이나 인터넷 웹사이트, 유튜브에서도 어렵지 않게 찾을 수 있습니다. 들어가 보면 이름도 내용도 정말 그럴듯해 보입니다. 내 아이도 완치되었다, 하는 간증 같은 글도 보입니다. 종류도 참 다양합니다. 또 이름도 마치 과학적으로 검증된 것처럼 씁니다. 글루텐프리, 카제인 식이 제한, 뉴로피드백, TMS, 고압 산소치료, 한약, 침술, 바이오피드백, 무발화치료……. 자폐 치료를 검색하면서 몇 번쯤 접해본 단어일 것입니다. 이런 치료는 정말 효과가 있는 걸까요? 믿어도 되는 걸까요?

결론부터 이야기하자면 아닙니다. 기적의 완치법은 없습니다. 수많은 과학자들이 자폐의 원인과 치료법을 찾기 위해 연구에 몰두하고 있습니다. 만약 정말 '그' 방법이 자폐를 완치할 수 있는 방법이라면, 그 치료법을 개발한 사람은 벌써 노벨상을 받았을 것입니다. 그래도 후기가 버젓이 올라와 있는데요? 네, 믿으면 위험합니다. 인터넷에 돌아다니는 정보는 100% 신뢰할 수 있는 정보만 있는 것이 아닙니다. 검색창에서 발견한 맛집은 진짜 맛집일 수도 있지만 음식점에서 돈을 받고 홍보하는 곳일 수도 있듯이, 우리가 찾은 정보는 과학적으로 검증되지 않은 정보일 수 있습니다. 잘못된 정보는 유익하기는커녕 오히려 유해할 수 있습니다. 옆집 아이도 효과가 있다고 하던데요? 옆집 아이는 정말 우리 아이와 같은가요? 자폐의 스펙트럼이 다양한 만큼 그 다양한 많은 사람들에게 효과를 보여야 진짜 효과가 있는 것입니다. 그리고 무엇보다 그 효과를 재현하고, 과학적으로 검증이 되어야 가치가 있는 것입니다.

왜 유독 자폐와 관련해서는 이상한 정보가 많은 걸까요? 이건 다 자폐가 가진 특성 때문입니다. 부모님 입장에서는, 효과가 있다고 밝혀진 중재 방법은 있지만 변화가 미미해 보이고, 당장 아이와 소통이 힘든데 앞으로도 평생 이렇게 살아야 한다니 얼마나 막막한가요. 그러니 아직 완벽하게 효과가 입증되지 않았다 하더라도 지푸라기라도 잡는 심정으로 해보고 싶은 마음이 큽니다. 마치 암 환자가 항암치료를 받으면서 민간요법을 찾아 헤매듯 전문가는 전문가의 일을 하고, 부모인 나는 실낱같은 해결책이라도 찾은 것일 수도 있습니다. 어쩌면 '아직' 효과가 밝혀지지 않은 치료법이지만 우리 아이에게 효과가 있을 지도 몰라, 하는 막연하지만 간절한 마음이 앞서서일 수 있습니다.

하지만 기적의 완치법은 없을 뿐 아니라 검증되지 않은 치료를 하는 것은 도리어 해가 될 수 있습니다. 우리에게는 시간과 돈이 한정되어 있습니다. 만약 시간과 돈이 무한대로 있다면 해보고 싶은 치료를 한번 도전해볼 수도 있겠습니다. 하지만 아이가 이 치료를 받기 위해 보내는 시간은 이미 임상적으로 효과가 있다고 밝혀진 방법을 사용하는 치료를 받는 데 써야 하는 시간입니다. 그리고 증명되지 않은 방법은 마치 숨겨둔 묘약처럼 더 비싸게 받기도 합니다. 무엇보다 비현실적인 완치에 대한 기대는 결국 좌절을 안겨줄 뿐입니다.

증거 기반의 실제

자폐를 치료하기 위해 과학적으로 효과가 검증되지 않은 치료에 빠져드는 것은 비단 우리나라만의 일이 아닙니다. 오랜 기간 전 세계적으로 수없이 많은 사이비 치료가 성행했습니다. 모두가 과학적으로 증명할 수 없는 중재나 치료 방법으로 많은 사람을 현혹하며 각자의 치료 효과를 장담했습니다. 이 난무하는 사이비 치료 문제를 해결하기 위해, 어떤 중재가 정말 효과적인지 확인하는 대규모 연구가 이루어졌습니다. 그 결과 실제로 많은 사람을 대상으로 체계적인 검증 절차를 통해 효과가 있다고 확인한 중재 방법이 추려졌습니다. 이렇게 효과가 있다고 밝혀진 과학적 증거가 있는 중재를 일컬어 증거 기반의 실제evidence based practice; EBP라고 합니다. 자폐는 완벽한 치료법은 없습니다. 그러나 조기에 증거 기반의 실제를 활용하여 개입하면 자폐 아동은 효과적인 의사소통 방법을 배우고, 일상생활 기술을 익히고, 가족 생활에 참여하고, 학교 생활을 성공적으로 할 수 있습니다. 물론, 모든 자폐 아동에게 꼭 맞는 단 하나의 왕도는 없습니다. 하지만 분명히 많은 아이들에게 효과가 있다고 널리 알려진 중재가 있고, 그 중에서 아이의 특성을 고려하여 선택할 때 좋은 성과를 얻을 확률이 높아집니다.

2015년 미국 자폐 센터National Autism Center; NAC에서 발간한 〈국가 표준 프로젝트 2단계 보고서〉와 미국 국립 자폐 증거 및 실제 정보 기관National Clearinghouse on Autism Evidence and Practice; NCAEP에서 발간한 〈2020년도 증거 기반의 실제 보고서〉를 살펴보면 지금까지 나온 다양한 중재와 관련된 학술 논문을 각각 775편, 972편 분석하여 1) 많은 연구를 통해 효과가 입증된 중재와, 2) 아직 연구 성과가 많이 쌓이지 않았거나 연구 참여자의 수가 충분히 많지 않아서 연구가 좀 더 필요한 중재, 3) 효과가 있다고 말하기에는 과학적인 증거가 많이 부족하거나 때로는 나쁜 결과가 나오기도 해서 권장하지 않는 중재로 나누어 발표했습니다. 두 보고서에 나온 내용에 약간의 차이가 있지만 최신판을 기준으로 정리해보면 다음과 같습니다.

(효과가 입증된) 증거 기반의 실제

행동 기반 중재(선행사건 중재, 차별 강화, 비연속 개별시도 교수DTT, 소거, 모델링, 촉진, 강화, 반응 방해-재지시, 과제 분석, 시간 지연, 비디오 모델링, 시각적 지원, 행동 모멘텀, 직접 교수, 기능적 행동 진단), 인지 행동 교수 전략, 자연적 교수전략(JASPER, PRT, 환경교수), 부모 실행 중재(Project ImPACT, Stepping Stones Triple P), 또래 훈련, 자기 관리, 사회 상황이야기, 사회성 기술 훈련PEERS, 보완대체 의사소통PECS, 운동과 움직임, 기능적 의사소통 훈련, 음악 매개 치료, 기술 기반의 교수 및 중재(FaceSay, Mindreading), 감각통합, 언어치료

아직 연구가 좀 더 필요한 실제

COMPASS, 노출, 개인중심계획PCP, 벌, 매트릭스 훈련, 아웃도어 어드벤처, 지각 운동, 체계적 전환 프로그램STEP-ASD, 발달 관계 기반의 치료, 마사지 치료, 생각의 원리Theory of Mind 훈련, 구조화

자폐 영유아와 함께 놀이하며 성장하기

된 교수, 사회 의사소통 중재, 시작하기 훈련

권장하지 않는 실제

동물 매개 치료, 청각 통합 훈련, 개념지도, 촉진된 의사소통, 글루텐 프리/카제인 프리 식단, SENSE 연극 중재, 쇼크치료, 사회성 인지 중재

증거 기반의 실제가 아니라고 해서 무조건 나쁜 것만은 아닙니다. 지금 증거 기반의 실제로 분류된 중재 중에도 2015년 NAC 보고서에는 아직 연구가 좀 더 필요한 실제에 속했는데 2020년 NCAEP 보고서에서 증거 기반의 실제로 인정된 중재도 있습니다. 하지만 그렇다고 권장하지 않는 실제를 증거 기반의 실제나 아직 연구가 좀 더 필요한 실제보다 먼저 하는 것은 옳지 않습니다. 물론 증거 기반의 실제라고 해서 당장 눈에 보이는 효과를 내놓는 것은 아니지만 영유아기부터 성인기인 만 22세까지 학업, 일상생활 기술, 문제행동, 인지, 의사소통, 공동관심, 정신건강, 대/소근육, 놀이, 자기결정, 학교 준비, 사회성, 직업에 이르기까지 다양한 영역에서 효과를 입증한 중재입니다. 아이의 중재 계획을 세울 때 위의 내용을 꼭 참고하시길 바랍니다.

기적의 완치법은 없지만 자폐 자녀와 함께 하루하루를 즐겁게 보내는 일상의 기적은 가능하고, 우리 눈앞에 있습니다. 다행히 우리는 현대 과학의 발전을 통해 자폐에 관해 하루하루 조금씩 더 알아가고 있습니다.

　앞으로 우리가 살펴볼 NDBI는 다양한 증거 기반의 실제를 종합한 중재입니다. 특별히 영유아기에 꼭 필요한 일상생활 기술, 문제행동, 의사소통, 놀이, 사회성 발달에 효과가 있다고 알려진 다양한 증거 기반의 실제를 모아 아이의 놀이와 일상생활에 적용하는 중재 방법입니다.

자폐 영유아와 함께 놀이하며 성장하기

NDBI
자연적 발달적 행동적 중재

10여 년 전, 자폐 영유아에게 가장 좋은 중재는 무엇인지 찾기 위해 미국의 ASD 영유아 교육 전문가들이 한자리에 모였습니다. 중재의 어떤 요소가 자폐 영유아 발달에 도움이 되는지 관련된 다양한 연구를 분석 종합한 결과 공통된 요소 세 가지를 찾았습니다. 자폐 영유아의 발달을 촉진하고 자폐 증상으로 인한 어려움을 줄이는 데 효과적인 요소는 1) 자연적이고Naturalistic, 2) 발달 과학에 기반을 두고Developmental, 3) 행동 과학을 활용한Behavioral 중재 Intervention였습니다. 이 세 요소의 앞 글자를 모아 자연적 발달적 행동적 중재Naturalistic Developmental Behavioral Intervention; NDBI

라는 이름을 붙였습니다. NDBI는 자폐 범주성 장애의 핵심 증상을 다루고 의사소통을 비롯한 자폐 아동의 발달을 돕기 위해 자연적인 환경에서 아동의 발달에 적합하며 행동 기반 전략을 강조하는 중재입니다. 하나씩 살펴보겠습니다.

자연적인(일상적인) 환경 Naturalistic

아이는 언제, 어디서, 어떻게 배우면 가장 잘 배울 수 있을까요? 한 가지 상황을 가정해봅시다. 우리가 영어를 배운다고 가정할 때, 어떻게 하면 영어가 쑥쑥 늘 수 있을까요? 쪽집게 과외 선생님과 40분씩, 일주일에 2번 만나서 공부하면 영어 실력이 급상승할 수 있을까요? 과외 선생님의 실력이 출중하고 학생의 이해력과 적용 능력이 뛰어나다면, 주당 80분만으로 유창한 영어가 가능할 수 있을지도 모릅니다. 하지만 대다수 사람들에게는 어렵습니다. 저는 평범한 사람이고, 학생 시절 주당 80분 이상의 시간을 최소 10년 이상 영어 공부에 투자했습니다. 교과서에 나온 헬로. 마이 네임 이즈 보람 남. 나이스 투 미츄. 하와유? 아임 파인 땡큐. 를 열심히 따라 읽고, 외우고, 백지에 영단어를 열심히 쓰면서 외웠습니다. 문

자폐 영유아와 함께 놀이하며 성장하기

법은 부정사, 동명사가 무슨 말인지도 모르는 채 또 외웠습니다. 듣기 평가 문제집을 풀면서 듣기 연습을 하고요. 물론 이렇게만 해도 수능 영어시험을 잘 볼 수 있었습니다. 토익 시험까지도 그럭저럭 해냈습니다. 대학원 과정에서 책도 원서로 읽었습니다. 그런데 막상 해외에 나가면 저는 아무 말도 할 수 없었습니다. '대화'라는 것을 제대로 해 본 적이 없었으니까요.

몇 해 전 가족과 함께 잠시 미국에서 지내던 때의 일입니다. 처음엔 내가 그동안 영어공부를 한 게 맞나 싶을 정도로 너무 힘들었습니다. 마트에 가서 구매하는 것도, 식당에서 음식을 주문하는 것도 어려웠습니다. 누구 초대라도 받으면 이틀 전부터 긴장해서 소화가 안 될 지경이었습니다. 그런데 미국에 가기 전에는 한 번도 영어 공부를 한 적이 없던 저희 아이들은 학교 다닌 지 6개월도 안 됐는데 친구집에 초대받아 영어로 서너 시간씩 수다를 떠는 게 아니겠어요? 물론 한두 단어 더듬거리며 말하는 수준이긴 했지만 말입니다. 어떻게 된 걸까요? 영어를 잘하는 방법은 아주 쉽습니다. 영어권 나라에 가서 살면 됩니다. 저희 아이들은 처음에는 말하기는커녕 다른 사람이 하는 말이 무슨 말인지 하나도 못 알아들었지만 생존을 위해 손짓 발짓을 하고, 그 말을 알아들어주는 친절한 누군가를 만나서 한두 마디를 하게 되고 차츰 자연스럽게 늘게 되었습니다. 매일같이 반복되는 일상 속에서 '아, 이럴 때 이렇게 말하면 되는구나' 곁눈질하고 다음에 같은 상황이 되면 또 한번 해보고, 이렇게 영어를 배워갔습니다. 영어라는 언어는 실생활에서 필요한 말을 다른 사람들과 주고받아야 늡니다. 입도 뻥긋해 본 적이 없던 저의 영어는 그저 시험용 공부였던 것입니다.

자폐 아이가 말을 배우는 것도 마찬가지입니다. 아이가 40분씩 2번 치료실에 가면 말이 늘 수 있을까요? 아이는 매일매일의 삶에서, 자신이 많은 시간을 보내는 곳에서, 익숙한 사람과 함께, 놀이 속에서, 즉 일상 환경과 일과 속에서 자연스럽게 배워야 가장 잘 배울 수 있습니다. 이것이 자연적인 환경의 의미입니다. 숲, 산, 강의 자연의 의미가 아니라 일상의 자연스런 사람과 공간 및 상황을 말합니다. '자연적인=일상적인'으로 바꿔 이해해도 좋겠습니다. 아이의 자연적인 환경을 알고 싶다면 장애를 가지지 않은 또래들의 삶을 살펴보면 됩니다. 자연적인 환경은 아이마다, 가족의 상황마다, 연령대마다 다릅니다. 영유아 시기의 자연적인 환경은 대체로 가정이나 유치원, 어린이집이 됩니다. 매일 산책을 가는 공원과 놀이터, 동네도 자연적인 환경입니다. 그렇다면 우리 아이들의 일과에서 많은 부분을 차지하고 있는 치료실은 어떨까요? 또래 아이들은 일상적으로 치료실에 가나요? 치료를 받는 것 자체가 나쁘다는 말은 아닙니다. 하지만 결국 아이들이 가족과, 친구들과 가정, 유치원, 어린이집, 놀이터, 공원에서 관계를 맺고 상호작용 하는 것이 목표라면 아이가 배운 것을 쉽게 써먹을 수 있는 장소에서, 일상을 함께하는 상대와 배우고 연습하는 것이 중요합니다.

NDBI는 목표로 하는 기술이나 행동이 사용되는 일상생활 안에서 아이가 자연스럽게 학습할 수 있도록 (여러 교육 단서와 자료를 활용해) 일상적인 경험과 반복되는 일과 안에서 중재를 제공합니다. 그러기 위해서는 아이에게 친숙하면서도 정서적으로 연결된 사람이 중재를 하는 것이 보다 효과적입니다. 아이와 가장 정서적으로 연결된 사람은 누구일까요? 바로 부모입니다. 그래서 NDBI는 가정의 일과 안에서 부모가 놀이하면서 자연스럽게 가르치는 것을 강조합니다. 그뿐만 아니라 아이가 놀이 속에서 배워야 하기 때문에 NDBI는 놀이에 최대한 오랜 시간 즐겁게 참여하는 것을 강조합니다. 그래야 아이가 좋아하는 것을 활용하고 아이의 동기를 높일 수 있습니다. 놀이의 탈을 쓴 교육이 아니라 진정한 놀이가 이루어질 때 아이들은 스스로 자라납니다. 교육적 성취는 그 결과로 자연스럽게 따라옵니다.

발달 과학 Developmental science

♥

아이를 잘 가르치려면 영유아의 발달과 관련된 과학적 지식에 기초해야 합니다. 그동안의 많은 연구를 통해 밝혀진 다양한 발달 관련 지식은 우리가 자폐 영유아의 발달을 이해하고 지원하기 위해 어떤 노력을 기울여야 하는지 알 수 있게 하였습니다.

아동 발달 연구에서 가장 큰 발견은 아이는 스스로 자란다는 것입니다. 발달심리학의 선구자로 알려진 피아제Piaget는 일정한 단계에 따라 아동이 스스로 '앎'에 도달한다고 하였습니다. 그의 이론은 현대 유아교육의 바탕이 되어 유아중심, 놀이중심 교육의 기본 철학이 되었습니다. 우리나라에서 운영하는 국가 수준의 교육과정인 '누리과정'은 유아가 놀이를 통해 스스로 배움을 형성해 나갈 수 있는 존재이며, 성인은 곁에서 배움을 돕는 역할을 해야 한다는 것을 강조합니다. 모든 아이는 자기가 원하는 목표가 있을 때, 흥미 있는 무언가가 있을 때 가장 잘 배웁니다. 장애가 있는 아이도 발달을 돕기 위해 여러 도움이 필요하지만, 적절한 지원이 주어진다면 스스로 세상을 배워갈 수 있습니다.

또 하나의 중요한 발견은 근접 발달 영역zone of proximal development; ZPD이라는 개념입니다. 러시아의 심리학자 비고츠키Vygotsky가 제

자폐 영유아와 함께 놀이하며 성장하기

안한 근접 발달 영역은 아동이 다른 사람의 도움을 받아 해낼 수 있는 범위를 의미합니다. 아동이 이미 스스로 할 수 있는 영역과 너무 어려워서 할 수 없는 영역 사이에는 다른 사람의 도움을 받으면 할 수 있는 근접 발달 영역이 있습니다. 아동은 성인이나 자신보다 더 잘하는 또래의 도움을 받아 근접 발달 영역에서의 발달을 이루어갑니다. 이렇게 이론적으로 말하면 어려워 보일 수도 있는 개념이지만 일상생활에서 우리는 늘 아이의 근접 발달 영역에서 적절한 도움(비계 설정)을 통해 아이의 발달을 돕습니다. 옹알이를 하는 아이에게 '엄마'라는 말을 알려주는 것, 새로운 놀잇감을 가지고 놀이하는 방법을 보여주는 것, 자꾸 쓰러지는 블록을 앞에 두고 '어떻게 하면 좋을까?'라고 묻는 것, 처음 계단을 오르는 아이의 손을 잡아주는 것 모두 근접 발달 영역에서의 비계 설정입니다. 아이는 이미 할 수 있는 것을 하면서 엄마 아빠의 작은 도움을 받아 크게 힘들이지 않고도 성공을 경험하게 되고, 할 수 있는게 늘어나게 됩니다.

또, 발달심리학 연구의 진전으로 새로운 기술의 습득은 다른 학습과 발달에 영향을 미친다는 것을 알게 되었습니다. 특별히 자폐 아동에 관한 연구에 따르면, 현재 우리가 사회 의사소통 중재의 주요 목표로 설정하는 공동관심, 모방, 놀이 등이 자폐 아동의 언어 및 사회성 발달에 영향을 미치며, 이러한 기술 습득이 이후의 학습에도 영향을 미친다는 것을 확인하였습니다. 이러한 핵심 기술은 그 자체로도 중요하지만 이후의 발달과 학습의 바탕이 되기 때문에 다른 것보다 먼저 가르쳐야 합니다. 또한, 자폐 아동의 발달 경로가 또래와 많이 다르기도 하지만 적어도 일부 영역에서는 또래와 비슷한 순서를 따르는 것으로 밝혀졌습니다.

이러한 다양한 연구 결과를 바탕으로 NDBI는 아이가 지금 무엇을 할 수 있는지, 관심을 가지는 것이 무엇인지, 이후에 언어 발달이나 의사소통 발달을 위해 먼저 배워야 할 기술은 무엇인지 파악하여 핵심 기술을 중심으로 아이의 발달 수준에 맞는 목표를 세우고, 스스로 즐겁게 배울 수 있도록 하는 것에 초점을 맞춥니다. 아이가 주도적이고 자발적으로 놀이에 참여할 수 있도록 지원하며, 아이가 좋아하는 자료, 좋아하는 일상에서 학습 기회를 찾고, 놀이하면서 서로 주고받는 경험을 통해 적극적으로 학습할 수 있도록 돕습니다.

행동 과학 Behavioral science

♥

새로운 기술을 가르치기 위해서는 체계적인 방법을 사용할 필요가 있습니다. 행동 과학은 흔히 ABA라는 약어로 불리는 응용행동분석Applied Behavior Analysis을 의미합니다. ABA는 행동을 둘러싼 상황, 즉 행동을 하게 된 원인과 그 행동으로 인한 결과를 분석하여, 행동의 원인이나 결과를 변화시킴으로써 행동을 변화시킬 수 있음을 입증했습니다. ABA는 그동안 학습이 어떻게 이루어지는지에 대해 연구하여 이를 바탕으로 행동을 아주 작은 단위로 쪼개서 아이의 현재 수행 능력을 파악하고, 가르치고, 지속적으로 변화를 점검합니다. ABA의 원리를 활용한 체계적인 계획과 실행을 통해 새로운 행동이나 기술을 더 빨리, 더 쉽게 가르칠 수 있습니다.

ABA는 오랫동안 자폐 교육과 치료에서 의도적으로 새로운 기술을 가르치고, 원하지 않는 행동을 감소시키는데 최적의 방법이라고 여겨져 왔습니다. ABA 중에서도 구조화된 환경에서 어른이 뭔가 과제를 제시하면 아이가 그것을 수행하고, 그에 따라 보상을 받는 것을 반복적으로 실시하는 비연속 개별시도 교수discrete trial training; DTT가 오랜 기간 많이 사용되었습니다. 세월이 흐르며 ABA의 원칙에 맞으면서도 더욱 효과적으로 아이에게 새로운 기술을 가르치기 위한 방법으로 다른 중재 방법이 탐구되었으며, 선행사건 중재, 차별 강화, 촉진, 강화, 과제분석, 기능적 행동진단 등의 다양한 중재가 효과가 있는 것으로 입증되었습니다.

ABA의 원리는 이미 우리의 삶에 깊숙이 들어와 있습니다. 칭찬 스티커, 생각하는 의자, 밥 잘 먹으면 후식으로 초콜렛 먹기, 밥 안 먹으면 좋아하는 후식 못 먹기, 말 안 듣는 아이 훈육하기 등등 어떠한 보상과 벌을 활용해서 아이의 행동을 더 많이 하게 하거나 더 적게 하게 하는 모든 방법은 모두 ABA의 원리를 활용한 것입니다. 우리나라에 ABA 전문가가 처음 들어왔을 무렵, 어떤 어머니께서 저에게 물으셨습니다. '선생님, ABA라고 아세요? 그거 미국에서 자격증 받은 전문가만 할 수 있는 건데요…' 행동분석전문가가 ABA의 원리를 이용해서 체계적으로 아이의 행동을 분석하여 중재를 하는 것은 맞습니다. 그렇지만 전문가만 할 수 있다거나, 우리가 ABA의 원리조차 사용할 수 없다는 말은 아닙니다. 우리 아이들이 자라면서 만나게 될 모든 특수교사는 ABA의 원리를 바탕으로 아이를 가르칩니다. 그리고 엄마 아빠도 앞으로 아이와의 놀이 속에서 ABA 원리를 적용할 수 있습니다.

앞서 살펴보았듯이 자연적(일상) 환경에서의 중재와 응용행동분석ABA는 효과가 입증된 중재입니다. 많은 학자들이 연구를 해보니 자연적 환경에서, 발달 과학과 응용행동분석에 기반한 중재가 결합되었을 때 아이들은 가장 효과적으로 학습할 수 있다는 결론

자폐 영유아와 함께 놀이하며 성장하기

에 이르렀습니다. 생각해보면 원리는 간단합니다.

대부분의 아이는 일상을 보내는 장소에서, 익숙한 사람이, 아이가 스스로 놀이하면서 지식을 구성할 수 있도록 돕는다면 잘 자랄 수 있습니다. 아이는 놀이 속에서 자연스럽게 배우는 것만으로도 충분히 배울 수 있고, 배움을 바탕으로 더 복잡한 놀이를 하며 성장합니다. 일상생활에서 아동과 상호작용 하는 능력을 최대화하도록 도와 아동의 발달과 안정을 촉진하는 것을 목적으로 하는 반응성 교수responsive teaching나《우리아이 언어치료 가이드》등으로 유명한 캐나다의 부모교육기관 하넨센터의 프로그램, 플로어타임 DIR/Floortime 등이 아이와의 초기 관계를 형성하는데 긍정적인 영향을 미친다는 연구 결과가 이를 뒷받침합니다.

하지만 안타깝게도 한계도 있습니다. 우선 자연적인 환경에서 아이와 긍정적인 관계를 맺고 잘 지내는 것만으로는 자폐 아이들이 스스로 많은 기술을 익히기 어렵습니다. 새로운 기술은 예측 가능한 구조화된 상황에서, 적절한 보상이 주어질 때 쉽게 배울 수 있으며, 반복적으로 연습하고, 다른 상황에서도 그 기술을 사용할 수 있도록 체계적으로 가르칠 때 쉽고 빠르게 배울 수 있습니다. 일상 가정 환경 아래서만 배우는 것으로는 어느 정도 한계가 있는 것입니다.

응용행동분석은 효과적인 중재입니다만 아이의 학습을 오랜 기간 관찰해본 결과 구조화된 상황에서 배운 것을 실생활에서 잘 사용하려면 또 다른 노력이 필요하다는 것을 알게 되었습니다. 지금까지 가르쳐온 기술이 아동의 발달을 고려하거나 자폐의 특성인 사회 의사소통의 어려움으로 인한 다른 사람과 관계 맺기와는 거리가 먼 기술들이었다는 한계가 있었습니다. 또한 잘 유지되지도 않고요.

이러한 양쪽의 한계를 보완하기 위해 각 접근은 조금씩 반대쪽 접근의 장점을 취하기 시작했습니다. 애착이나 관계 중심에 초점을 맞췄던 중재들은 아동의 빠른 학습을 위해 응용행동분석 요소를 추가하였습니다. 응용행동분석에 초점을 두었던 중재는 아동의 발달 단계를 고려하고 다른 사람과의 상호작용 속에서 자연스럽게 배울 수 있도록 자연적인 접근과 발달 과학을 반영하였습니다. 한동안 이러한 중재를 별도의 이름 없이 '절충적 접근' '혼합적 접근'으로 불렀습니다. 그러다 자폐 전문가들의 모임에서 새롭게 이름을 붙인 것이 바로 자연적 발달적 행동적 중재Naturalistic Developmental Behavioral Intervention; NDBI입니다. NDBI는 RT, 플로어타임, 하넨 More than words 프로그램, ABA 등 다양한 중재의 강점을 하나로 모으고 단점을 보완한 중재입니다.

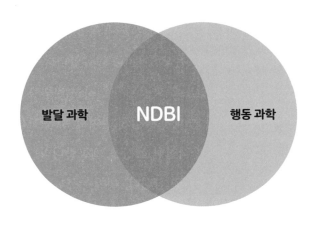

NDBI: 자연적 발달적 행동적 중재

정리하면, NDBI는 자폐 영유아의 발달을 촉진하기 위해 자폐 영유아의 평범한 일상 속에서 발달 과학의 원리와 행동 과학의 원리를 결합하여 실행하는 중재를 의미합니다. NDBI라는 개념이 만들어진 지 10년도 채 되지 않았지만 이미 연구를 통해 효과가 입증된 여러 프로그램이 있으며, 국내에서도 학문적인 연구와 함께 치료 및 교육현장에서 활용되고 있습니다. 최근 자폐 영유아 중재에 많이 활용하는 ESDM과 중심축 반응 중재PRT, SCERTS 프로그램은 모두 NDBI에 속합니다.

다양한 NDBI 모델은 각 모델마다 중재 목표나 접근 방식이 조금씩 다르지만 다음의 핵심 전략 8가지를 공유합니다.[7] 첫째, 아이가 상호작용을 잘 할 수 있도록 환경을 구성하는 방법을 상세하게 제시합니다. 둘째, 아이가 중재에 즐겁게 참여할 수 있도록 아이의 흥미를 중시하고 아이에게 적절한 보상을 제공합니다. 셋째, 아이가 주도하는 놀이 또는 활동을 합니다. 넷째, 새로운 기술을 가르치기 위해 체계적인 방법으로 도움을 주고, 점차 도움을 줄입니다. 다섯째, 상대방과 차례를 주고받으며 상호작용 할 수 있도록 돕습니다. 여섯째, 성인이 먼저 아이의 말이나 놀이, 몸짓을 따라 하고, 일곱째, 아이에게 기대하는 말, 행동에 대한 시범을 보여줍니다. 마지막으로, 아이가 다양한 것에 관심을 가질 수 있도록 지원합니다.

2부에서는 이 NDBI 전략들을 어떻게 우리의 생활, 특히 놀이 속에 적용하여 아이의 발달을 촉진할 수 있을지 구체적으로 살펴보겠습니다.

자폐 영유아와 함께 놀이하며 성장하기

국외에서 개발된 NDBI 모델

- ESDM: Early Start Denver Model(조기 덴버 모델)
- Project ImPACT: Project Improving Parents as Communication Teachers(의사소통 교사로서의 부모 향상 프로젝트)
- Incidental Teaching(우발교수)
- Enhanced Milieu Teaching(강화된 환경 교수)
- Pivotal Response Treatment(중심축 반응 중재)
- SCERTS: Social Communication, Emotional Regulation, Transactional Supports
- JASPER: Joint Attention, Symbolic Play, Engagement, and Regulation
- Social ABCs

 NDBI 관련 국내 출판 도서

- SCERTS 모델: 자폐 범주성 장애 아동을 위한 종합적 교육 접근(Barry M. Prizant 외 저, 이소현 외 역, 2019, 학지사)
- 자폐 및 발달지연 아동을 위한 사회적 의사소통 중재(Brooke Ingesoll, Anna Dvortcsak 저, 최숲, 한효정 공역, 2022, 학지사)
- 어린 자폐증 아동을 위한 ESDM(Sally J. Rogers, Geraldine Dawson 저, 정경미 외 역, 2018, 학지사)
- 어린 자폐 자녀를 위한 ESDM 부모용 지침서(Sally J. Rogers 외 저, 이경숙, 김소현 공역, 2023, 세원프레스)
- JASPER (출간 예정)

2부

Love
Play
Learn

놀면서 자라는 아이

Love,
Play, Learn

아이는 어떻게 자랄까요?

아무것도 모르는 채로 태어난 아기가 어떻게 생후 1-2년 만에 말하고, 뛰어다니게 될까요?

아이는 어떻게 혼자 옷을 입고, 친구를 사귀고, 공부를 하게 되는 걸까요?

자폐 영유아와 함께 놀이하며 성장하기

Love, Play, Learn
사랑하기, 함께 놀기, 놀이 속에서 배우기

♥

식물이 성장하는데 필요한 것은 햇빛, 물, 공기라고 합니다. 이와 마찬가지로 아이가 사회의 구성원으로 자라는 데에는 사랑, 놀이, 배움-Love, Play, Learn-이 필요합니다.

아이는 따뜻한 가족의 품에서 하루하루 즐겁게 일상을 보내면서 자연스레 자랍니다. 엄마 아빠에게 사랑 받고, 엄마 아빠와 함께 놀이하면서, 놀이 속에서 매일매일 배우고 자랍니다.

자폐 아이도 가족과 함께하는 일상에서 자라야 하고, 다른 아이와 마찬가지로 사랑 받고, 함께 놀이하고, 놀이 안에서 자랄 수 있습니다.

다만, 자폐 아이는 자신이 가진 어려움 때문에 엄마 아빠가 자신에게 관심을 표현하는지 미처 알지 못했을 수 있습니다. 엄마 아빠와 함께 노는 것이 재미있는 줄 몰랐을 수도 있습니다. 어쩌면 함께 놀고 싶었지만 함께 노는 방법을 잘 몰랐을 수도 있습니다. 그렇기 때문에 엄마 아빠가 아이의 눈높이에 맞추어 다가가 사랑을 표현하고, 함께 놀이한다면 아이는 충분히 잘 자랄 수 있습니다. 여기에 새로운 기술을 쉽고 빠르게 배울 수 있도록 체계적으로 돕는다면 아이는 자신이 가진 어려움을 넘어설 수 있습니다. 엄마 아빠와 신뢰 관계를 맺고, 함께 놀고, 놀이 속에서 배우는 과정을 통해 아이는 엄마 아빠에게 관심을 가지고, 더 멋진 방식으로 의사소통하고, 더 오랫동안 적극적으로 점차 복잡한 놀이를 하게 될 것입니다.

아이가 잘 자라려면 Love, Play, Learn을 모두 경험해야 합니다.

사랑하기, 함께 놀기, 놀이 속에서 배우기, 이 세 가지는 모두 중요하지만 순서가 있습니다.

Love [사랑하기]

첫 단추는 역시 사랑love 입니다.

아이에게 엄마 아빠가 사랑한다는 것을 알려주어야 합니다.

사랑한다는 것을 어떻게 표현할 수 있을까요? 꼭 안아주면 될까요? 매일매일 사랑한다고 말해주면 될까요? 사랑한다는 것은 다름아닌 신뢰할 수 있는 관계를 형성하는 것입니다. 엄마 아빠는 자신의 목소리에 귀 기울여주고, 자신이 원하는 것을 해주는 사람이라는 것을 알게 하는 것입니다. 다른 말로 애착이라고 합니다. 안정적인 애착이 형성되었다는 말은 아이가 엄마 아빠를 믿는다는 말입니다. 엄마 아빠라는 크고 따뜻한 안전 기지를 바탕으로 아이는 용기를 내어 한걸음 한걸음 세상을 향해 나아갑니다.

자폐 영유아와 함께 놀이하며 성장하기

Play [함께 놀기]

두번째 단계는 놀이Play입니다.

아이와 함께 즐겁게 놀이해야 합니다.

여기에서 놀이의 두 가지 조건이 나옵니다. 놀이는 **함께**해야 합니다. 혼자 잘 노는 아이 많습니다. 하지만 아이가 사회의 구성원으로 소통하고 살 수 있게 하려면 아이에게는 함께 노는 경험이 필요합니다. 다른 사람과 함께하는 놀이에 참여하고 다른 사람이 놀이하는 모습에 관심을 가질 수 있도록 함께 놀아야 합니다. 또 하나 중요한 조건은 놀이는 **즐거워야** 합니다. 아이가 좋아하는 놀이를 아이가 주도해서 즐겨야 진짜 놀이가 됩니다.

Learn [놀이 속에서 배우기]

마지막 단계는 배움Learn입니다.

아이와 신뢰 관계를 맺고, 함께 재미있게 놀 수 있게 되면 새로운 기술을 본격적으로 배울 수 있게 됩니다.

엄마 아빠는 아이와 함께하는 즐거운 놀이 속에서 체계적인 행동 전략들을 사용하여 아이가 의사소통하는 방법, 놀이하는 방법, 다른 사람과 상호작용 하는 방법을 배울 수 있도록 도와야 합니다. 아이는 놀이 속에 있는 수많은 학습 기회를 통해 자라갑니다.

특별히 큰돈이나 많은 시간을 들이지도 않고, 어디 가지도 않고 가정 안에서, 엄마 아빠와 매일매일의 일상에서, 사랑하고, 함께 놀이하고, 그 안에서 배움이 일어나는 마법, 그것이 Love-Play-Learn입니다. 이를 체계적이고 효과적으로 만들 방법이 있습니다.

앞에서 본 것과 같이 여러 연구를 통해 자폐 영유아에게 효과가 있다고 확인된 중재를 살펴보면 공통적인 전략이 있습니다. 이 전략들은 자폐 아이가 자연스럽게 엄마 아빠와의 상호작용에 참여하고 그 속에서 새로운 기술을 익히게 돕습니다. 이 전략들을 하나씩 살펴보면서 아이와의 상호작용에서 많은 사람들이 지금까지 겪었던 어려움을 발견하고 앞으로 어떻게 변해야 할 것인지 알게 될 것입니다.

2장에서부터는 Love, Play, Learn의 세 단계에 NDBI 전략을 적용하는 방법을 살펴보겠습니다. 각 단계에 해당하는 새로운 전략을 소개하고, 구체적인 적용 방법을 소개할 것입니다. 아이와 놀이할 때 이 전략을 어떻게 활용할 것인지 팁을 공유하는 것이 이 책의 목표입니다. 그 전에 우선 놀이의 의미에 대해 알아보겠습니다. 놀이 전략과 방법은 2~4장에서 자세히 다룹니다.

자폐 영유아와 함께 놀이하며 성장하기

놀이 속에서
자라기

　모든 아이는 놀면서 자랍니다. 아이의 놀이는 생활 그 자체인 동시에 학습과 발달에 필수적입니다. 그래서 많은 사람들이 학습과 발달을 위해 놀이를 이용하려고 합니다. 그러나 아이는 그저 놀기 위해 놀이합니다. 다른 사람과 상호작용 하기 위해, 친구를 사귀기 위해, 운동 기술을 향상시키기 위해, 새로운 말을 배우기 위해 놀이를 하지는 않습니다. 다만 이러한 것들은 아이가 놀이를 하면서 부수적으로 자연스럽게 발생하는 효과일 뿐입니다. 우리가 아이와 함께하는 놀이도 그렇습니다. 놀이를 하며 함께 즐거운 시간을 보낸다면 학습은 자연스럽게 이루어질 수 있습니다.

그렇다면 도대체 놀이가 무엇이길래, 어떻게 아이가 놀이 속에서 자라는 걸까요?

모두의 권리

놀이는 누구든 할 수 있습니다. 남녀노소, 나이 불문, 국적 불문입니다. 아이가 장애가 있든 없든, 말을 할 수 있든 없든 전혀 상관없습니다. 놀이는 모든 사람이 가지고 태어난 본능이자 모두가 누릴 수 있는 권리입니다. 놀이 속에서 아이는 재미와 기쁨을 느끼고 다양한 감정들을 경험하게 됩니다. 어른들 눈에 아이는 지금 잘하는 게 별로 없어 보일 수도 있지만, 모든 아이에게는 능동성과 주도성이 있고 그것이 배움의 잠재적인 힘이 됩니다.

눈빛이 반짝이는 순간

놀이는 '무엇'을 '어떻게' 하느냐가 중요한 게 아닙니다. 놀이는 그저 '눈빛이 반짝이는 순간'일 뿐입니다.

자폐 영유아와 함께 놀이하며 성장하기

아무것도 할 줄 모르는 우리 아이도 놀이를 하나요? 그럼요, 물론입니다. 손목에 감아둔 딸랑이를 엉겁결에 팔을 움직이다 딸랑! 소리를 듣고 눈빛이 반짝! 하는 모습을 본 적이 있으신가요? 한 번이 두 번 되고, 두 번이 세 번 되고, 어느 순간 엄마가 딸랑이를 감아주려고만 해도 눈빛이 반짝입니다. 그 반짝이는 눈빛은 '엇 저거 전에 해봤던 건데! 저거 엄청 재밌어! 흔들면 막 소리나!'라는 뜻이겠죠? 이게 바로 놀이입니다. 모든 아이는 자신의 수준에서 최선을 다해 세상을 탐구하고 알아갑니다. 아무것도 없이 기어가라, 하면 기어가나요? 저기 재미있는 딸랑이를 향해 기어가는 것, 그 또한 놀이입니다. 어? 그런데 저 아이는 놀잇감을 줄 세워놓기만 하고 놀지는 않네. 아니요, 놀잇감을 배열하는 놀이를 하는 중입니다. 하루 종일 "이(거) 뭐야?"만 외치는 우리 아이, 놀이입니다. 아이에게는 이것이 얼마나 재밌겠어요. 이거 뭐야만 외치면 새로운 이름들이 쏟아지는데요. 누워서 눈 앞에 대고 손장난만 하는 우리 아이, 놀이입니다. 자기 손이 어떻게 움직이는지 느끼고, 자기 손이 움직일 때마다 들어오는 빛이 시시때때로 변하는 것을 보면 짜릿하거든요. 이렇게 생각하고 보면 우리 아이도 하루 종일 놀이를 하고 있는 것 맞죠? 아이들에게 놀이는 삶 그 자체이고 숨 쉬듯 하는 게 놀이입니다. '눈빛이 반짝이는 순간'을 발견할 때마다 '아, 네가 정말 잘 자라고 있구나'라고 생각하면 됩니다. 아이는 자기만의 속도대로 놀이 속에서 자라갑니다.

삶의 축소판

놀이는 삶의 축소판입니다. 아이는 자신이 경험한 세상을 놀이를 통해 반복하고, 재구성하고, 배움으로 연결짓습니다. 놀이의 이런 특성은 역할놀이에서 잘 드러납니다. 요즘 아이들의 소꿉놀이를 보면 제 어릴 때의 놀이와 상당히 다릅니다. 제가 어렸을 적엔 소꿉놀이를 하면 매번 된장찌개를 끓였습니다. 왜냐하면 저희 엄마가 된장찌개를 자주 끓이셨거든요. 그런데 요즘 아이들은 소꿉놀이에서 커피를 마십니다. 어른들이 그러니까 아이들은 커피 마시는 놀이를 합니다. 저도 된장찌개 잘 안 끓이고 친구를 만나면 집이고 밖이고 늘 커피를 마십니다. 아이들은 자신이 경험하는 세상을 그대로 재현합니다. 그리고 그것을 놀이로서 반복하면서 재미와 기쁨을 느낍니다.

또한, 다른 사람과 함께하는 놀이는 서로 행동과 반응을 지속적으로 주고받습니다. 이 모습은 우리가 다른 사람과 상호작용하는

자폐 영유아와 함께 놀이하며 성장하기

모습과 닮아 있습니다. 놀이 속에서 주변과 관계를 맺는 연습을 계속하는 것입니다. 그러면서 자신과 같이 놀이를 주고받는 상대방을 인식하게 됩니다. '내가 놀이할 때 내 옆에서 저 사람이 자꾸 뭘 도와주네' '나에게 말을 거네' 이런 경험 속에서 아이는 놀이를 통해 자연스럽게 상호작용에 참여하게 되고, 주고받기를 연습하게 됩니다.

지겹지 않은 끝없는 반복

무언가를 제대로 배울 때까지는 굉장히 여러 번 똑같은 것을 반복해야 합니다. 가게에서 물건 사는 과정은 처음에 들어가서 인사를 하고, 필요한 것을 요청하고, 계산을 하고, 가게 밖으로 나와야 합니다. 아이에게 이를 어떻게 가르칠 수 있을까요? '자 이제 가게에서 물건사기 연습을 할거야. 한 번 해봐' 하고 실제 가게에서 한 번은 할 수 있는데 두 번 세 번 하기는 애매합니다. 가게 아닌 곳에서 그냥 연습하자니 너무 어색하고, 가게에서 여러 번 연습하자니 사장님 눈치가 보입니다. 그런데 놀이에선 어떤가요? 가게 놀이 백 번 해도 어색하지 않습니다. 놀이 상황에서는 일상적인 상황에서보다 행동이나 말을 더 많이 반복할 수 있습니다. 이를 통해서 아이는 같은 행동이나 말을 여러 차례 접할 수 있고 연습할 기회를 얻습니다. 이런 역할놀이 뿐만이 아닙니다. 아이에게 '자동차'를 가르칠 때 플래시카드로 10번 공부하면 너무 질립니다. 그런데 자동차 놀이를 하면 놀이 속에서 '붕~ 자동차 간다' '엄마 자동차 줘' '자동차 줄까' 자연스럽게 계속 들려줄 수 있습니다. 아이도 여러 번 말할 기회를 얻습니다.

즐거운 도전

놀이는 재밌습니다. 그래서 또 하고 싶습니다. 시키지 않아도 또 하고, 또 합니다. 계속 똑같은 것만 하기도 하지만 아이가 정말 좋아하는 놀이는 조금씩 발전합니다. 오늘은 이렇게, 내일은 저렇게 바꾸어 놀이하면서 아이는 조금씩 더 성장합니다. 놀이가 재밌으면 조금 어려워도 아이는 기꺼이 해냅니다.

놀이에는 정답이 없습니다. 소꿉놀이의 정답이 있을까요? 공놀이의 정답이 있을까요? 그냥 하고 싶은 대로 해보는 것입니다. 놀이 속에서는 아무렇게나 해도 괜찮습니다. 의도한 대로 해내지 못

자폐 영유아와 함께 놀이하며 성장하기

했다고 해서 놀이가 잘못된 것은 아닙니다. 그냥 그렇게 흘러가는 거지요. 아이는 놀이 속에서 무조건적인 수용을 경험합니다. 또 도전할 용기를 얻습니다.

놀이의 매력, 놀이가 가진 무궁한 힘, 발견하셨나요? 우리 아이가 다른 사람과 함께 지내는 기쁨 속에서 성장하기 바란다면 아이와 놀이를 해야 하고, 그것도 함께해야 합니다. 아이는 놀이 속에서 세상의 이치를 탐구하고, 자신과 다른 사람과의 관계를 파악하고, 또 소통하는 방법을 배워갑니다.

그러면 이제 본격적으로 일상 속에서 아이와 애착을 형성하고, 아이와 함께 놀이하고, 놀이 속에서 아이의 성장을 돕기 위한 체계적인 접근 방안을 나눠 보겠습니다.

Love

따뜻한 눈으로
아이를 바라보기

여러분은 아이에 대해 잘 알고 계신가요? 다른 사람에게 아이를 소개한다고 생각해 봅시다. 단, 한 가지 조건이 있습니다. 우리 아이는 이렇게 멋져요, 하고 아이에 관한 10가지 자랑을 하는 것입니다. 아이를 처음 본 사람이 슬쩍 보고도 할 수 있는 예쁘다, 키가 크다, 이런 외형적인 모습 말고 엄마 아빠만이 알 수 있는 아이의 좋은 점, 멋진 점 10가지를 5분 안에 꼽을 수 있나요? 짝짝짝, 축하합니다. 아이 강점 찾기 상위 10% 안에 들었습니다.

저는 아이들과 부모님을 새로 만날 때마다 제 소개를 한 뒤 곧바로 부모님에게 아이 자랑을 해달라고 합니다. 5분을 드렸을 때 정말 5분 안에 10가지를 모두 채우신 부모님은 대략 10% 정도입니다. 나머지 부모님 가운데는 '선생님 잘하는 게 없는데 뭘 쓰나요?' 혹은 '한 번도 생각해 본 적이 없어요'라는 반응을 보이는 분도 많습니다. 5분이 지난 뒤에는 적은 것을 토대로 앞으로 아이를 위해 어떤 지원을 할 수 있을지 이야기를 나눕니다. 집단 부모교육에서는 한 명씩 아이를 자랑하는 시간을 갖는데, 그럴 때마다 듣고 있던 다른 부모님이 '어, 우리 아이도 그런데? 아! 그런 것도 자랑할 수 있군요' 이야기합니다. 다음 만남 때 아이 자랑하기 숙제를 확인해 보면, 열이면 열 모든 부모님이 아이의 멋진 점을 10가지씩 찾아옵니다. 말 한 마디 못하는 아이도, 하루 종일 뛰어다니기만 하는 것 같은 아이도, 모든 아이에게는 10가지 이상의 멋진 점이 있습니다. 그 보물을 찾아내는 것이 부모와 교사의 역할이고, 함께 놀며 배우는 시작입니다.

그런데 대개 많은 부모님은 평소 처음 만나는 선생님에게 어떻게 아이를 소개할까요? '이준이는 아직 말을 못 해요' '눈맞춤을 못 해요' '시윤이는 겁이 많아서 뭐든 하는 데 시간이 많이 걸려요' '승우는 놀 줄 알긴 하는데 매번 자동차 놀이만 해요' 아이는 정말 부족하기만한 존재일까요? 아니면 어차피 못 하는 것을 가르쳐야 해서 기관을 찾았으니 부족한 부분을 앞세우는 것이 우선일까요?

자폐 영유아와 함께 놀이하며 성장하기

못 하거나 어려움을 겪는 부분이 아이의 전부가 아닐 뿐더러 다른 사람들이 그렇게 생각하도록 만들어서는 안 됩니다. 부모 자신부터 말입니다.

오히려 긍정적인 모습에서부터 출발해야 합니다. 제가 만났던 아이들을 자랑해 보겠습니다. 이준이는 요즘 원하는 것이 생기면 엄마 손을 끌고 가서 원하는 것 앞에 멈춥니다. 시윤이는 심오한 관찰자입니다. 무엇이든 새로운 것을 보면 오랫동안 지켜보다가 관찰이 끝나면 조심스럽게 만져봅니다. 새로운 곳에 갈 때에도 언제나 다른 사람이 무엇을 하는지 유심히 지켜봅니다. 승우는 동그라미 찾기 대장입니다. 길을 걷다 멘홀 뚜껑을 발견하면 '동그라미!' 하고 뛰어가고요, 장난감 자동차 바퀴를 굴리면서 동그라미를 찾았다고 자랑합니다. 혹시 발견하셨나요? 엄마에게 원하는 것을 알리는 이준이는 사실 아직 말을 못 하는 이준이랍니다. 겁이 많은 시윤이는 심오한 관찰자고요. 승우는 자동차 바퀴를 사랑하는 동그라미 찾기 대장입니다. 아무 것도 못 하는 것만 같은 아이도 사실은 굉장히 잘 하는 것이 많은 멋진 아이라는 것을 아는 것이 시작입니다. 같은 아이라도 어떤 눈으로 보느냐에 따라 다른 모습을 볼 수 있습니다.

우리 아이의 강점 찾기

❦

대부분의 부모는 아이의 훌륭하고 사랑스러운 면을 알고 있지만, 세상의 기준에 맞추려다 보니 아이의 부족함에 초점을 두기 쉽습니다. 그렇기 때문에 오히려 더 관점을 바꾸는 것이 중요합니다. 아이의 강점을 찾고, 그것을 활용하는 것이 아이와 가족 모두를 행복한 성장의 길로 이끄는 지름길이기 때문입니다. 강점 중심의 접근을 통해 첫째, 아이의 강점을 찾는 과정 속에서 가족은 새로운 시각을 갖게 됩니다. 느리고, 부족하고, 뭔가를 채워 줘야 하는 존재에서 지금 있는 그대로 소중하고, 할 줄 아는 것이 많고, 멋진 아이라는 것을 알게 됩니다. 가족의 긍정적인 시각과 믿음이 아이를 성장하게 하는 든든한 바탕이 됩니다. 둘째, 아이의 강점을 알면 어떻게 아이를 대하면 좋을지, 어떤 식으로 아이의 발달을 지원할 수 있는지 쉽게 찾을 수 있습니다. 아이와 관계를 맺게 되는 사람들에게 아이의 강점을 잘 정리한 '우리 아이 설명서'를 공유하면 다른 사람들도 아이에 대해 정확하게 알 수 있고, 더욱 적절한 지원을 할 수 있습니다. 셋째, 강점을 활용하면 아이는 즐겁게 자랍니다. 잘하는 것에 초점을 맞추고, 계속할 수 있게 해준다면 아이는 신나서 잘하는 것을 하고, 점점 더 잘하게 됩니다. 잘 못 하는 것

자폐 영유아와 함께 놀이하며 성장하기

도 아이가 좋아하는 것을 활용하면 아이가 기꺼이 좀 더 도전하고, 더 열심히 합니다. 아이는 부족한 점을 채우기 위해 억지로 하면서가 아니라 새로운 것을 즐겁게 시도해보면서 자연스럽게 배웁니다. 마지막으로, 강점을 활용하면 온 가족이 행복합니다. 아이의 강점을 찾아가는 과정은 가족에게 힘과 용기를 주고, 강점을 활용하면 아이의 자존감을 높여줍니다.

우리 아이에겐 어떤 강점이 있나요? 지금부터 아이의 강점을 찾아봅시다. 강점을 찾는 출발은 애정 어린 관심과 관찰입니다.

잘하는 것 찾기

먼저, 아이가 잘하는 것을 찾아보세요. 아이가 요즘 새롭게 하게 된 것이 있나요? 아이가 특별히 잘하는 것이 있나요?

이준이는 원하는 것이 있을 때 엄마 손을 끌고 가서 원하는 것 앞에 멈춥니다. 이준이가 부엌장 앞에 가면 엄마는 아! 우리 이준이 간식먹고 싶구나, 하며 꺼내줍니다. 시현이는 가족들의 모습을 보고 다음에 무엇을 할 지 잘 압니다. 엄마가 장에서 겉옷을 꺼내면 시현이는 현관에 가서 신발을 들고 옵니다. 지우는 이제 한두 단어를 말하기 시작했습니다. 뽀로로를 들고 와서는 '뽀'라고 말합니다. 세아는 혼자 계단을 올라가서 미끄럼틀을 타고 내려올 수 있습니다. 태민이는 일과에 정해진 순서가 있고, 규칙을 매우 잘 지킵니다. 반찬을 골고루 먹는 것도, 책 읽어줄 때 귀 기울여 듣는 것도, 밖에 나가 신나게 뛰는 것도 모두 아이의 강점이 될 수 있습니다.

좋아하는 것 찾기

다음으로, 아이가 무엇을 좋아하는지 찾아보세요. 혼자 있을 때 주로 어떤 것을 하고 놀이하나요? 이것만 하면 눈이 반짝반짝한다, 하는 것이 있나요? 울다가도 뚝 그칠 만큼 좋아하는 물건이나 활동, 사람이 있나요? 아이의 특별한 관심 영역은 강점이 될 수 있습니다.

태민이는 숫자를 사랑합니다. 숫자 중에서도 1층, 2층, 3층… 건물의 층수를 좋아합니다. 규진이는 소방차 출동 놀이를 좋아합니다. 지원이는 자동차를 줄 세워 놓는 것을 좋아합니다. 민우는 생일 축하 케이크 놀이를 좋아합니다. 블록 쌓기, 노래 부르기, 뽀로로, 동물, 공룡, 자동차, 공, 클레이, 구슬, 엄마 등등. 아이들마다 좋아하는 놀잇감과 활동은 모두 다릅니다. 우리 뇌는 재미있을 때, 즐거운 감정일 때 가장 잘 배운다고 합니다. 그뿐만 아니라 아이들은 좋아하는 것을 할 때 가장 잘 참여합니다. 그렇기 때문에 좋아하는 것을 잘 활용하는 것이 매우 중요합니다.

여기서 주의할 점은, 우리의 목표가 함께 즐겁게 노는 것이라

자폐 영유아와 함께 놀이하며 성장하기

면 함께 놀이하는 데 아이가 좋아하는 것들을 활용해야 한다는 것입니다. 단순히 아이가 좋아하는 것에서 조금 더 나아가서 어떤 놀이를 하면, 어떤 놀잇감을 활용하면 아이가 엄마 아빠와 더 재밌게 놀 수 있을까에 기준을 두어 생각해보면 좋습니다. 좋아하는 것을 찾은 뒤에는 어떻게 활용할 수 있을지 생각해보세요.

아이가 잘할 수 있는 상황 찾기

이번에는 아이에게 어떠한 상황을 만들어주면 잘할 수 있는지 찾아보세요. 아이는 어떨 때 가장 잘하나요? 새로운 것을 배울 때 어떤 도움을 주면 잘할 수 있나요?

소민이는 엄마랑 한 번 해 본 것은 용기 내어 할 수 있습니다. 규진이는 멋진 소방관 아저씨가 되려면 양치를 잘 해야 하는데, 라고 말하면 순식간에 입을 벌리고 엄마에게 다가옵니다. 민우는 옆에서 엄마 아빠가 잘한다고 칭찬하면 더 열심히 합니다. 지우는 아빠가 책을 읽어줄 때 아빠를 가장 열심히 바라봅니다. 세아는 처음에는 조용한 곳에서 집중해서 배울 때 쉽게 배우고, 그렇게 익숙해지면 다른 곳에서도 할 수 있습니다. 이렇듯 아이가 잘할 수 있는 상황, 잘 배울 수 있는 상황을 알아두면 아이와의 상호작용에 유용하게 활용할 수 있습니다.

약점을 강점으로 바꾸기

마지막으로, 자신이 아이의 약점이라고 생각했던 아이의 모습을 돌아보세요. 특별히 자폐 행동 특성으로 인해 아이의 약점이라고 생각했던 부분들은 시각을 바꾸면 대단한 강점이 될 수 있습니다. 예를 들어, 자폐가 있는 화가가 그린 그림을 본 적이 있나요? 자폐는 전체와 부분의 정보를 통합하는 능력인 중앙응집력이 약한 특성을 가집니다. 많은 사람들이 중앙응집력이 약한 것은 약점이라고 인식하지만, 자폐인 화가에게는 강점으로 작용합니다. 미세한 부분에 집중하는 특성이 자폐인 화가의 독특한 그림체의 원동력이 됩니다.

아이의 약점을 어떻게 바라보면 강점으로 바꿀 수 있을까요? 무엇이든 줄 세우기를 좋아하는 지원이는 정리 대장입니다. 노란 자동차가 어디 갔지? 하면 대번 찾아옵니다. 가던 길이 아닌 새로운 길로 가면 우는 서윤이는 공간 기억력이 매우 좋습니다. 서윤이는 가족의 네비게이션 역할을 잘 해낼 수 있습니다.

물론 아이가 세상을 살아가면서 자폐 행동 특성으로 인해 겪게 될 어려움이 없다는 것은 아니지만, 아이의 특성을 긍정적으로 바라볼 때 약점은 약점에서 끝나는 것이 아니라 또 다른 강점이 될 수 있다는 것을 꼭 기억해주세요.

아이의 강점 찾기는 한 번에 완성되는 과정이 아닙니다. 일주일 동안 아이의 삶을 주의 깊게 살피면서 아이가 무엇을 좋아하는지, 무엇을 잘하는지, 어떨 때 기뻐하는지 노트에 적어보세요. 그리고 다른 사람들의 이야기도 함께 들어보고 자신이 모르는 강점이 있었는지 더 찾아보세요. 아이의 강점을 다 찾으셨다면 '우리 아이 설명서'를 만들고, 주변 사람들과 공유해 보세요. 또 새로운 강점을 발견하면 설명서를 업데이트 하세요. 설명서가 쌓이는 만큼 강점도 늘고 주변과 소통도, 관계도 원활해집니다.

 ○○이가 잘하고 좋아하는 것

- 웃음이 많습니다. 재밌는 게 있으면 까르르 웃어줍니다.
- 같이 하는 걸 좋아합니다. 엄마랑 같이, 할아버지 손잡고! 라는 말을 하루에 몇 번이나 할 정도로 같이 뭔가 하려 합니다.
- 세상 동그라미를 다 찾아줍니다. 처음엔 밖에 나가는 게 힘들 정도였는데, 송수구/환풍구/하수구/실외기 등 세상에 이렇게 많은 동그라미들이 있는지 알게 해줘서 웃기기도 합니다.
- 작년까지만 해도 또래를 굉장히 무서워해서 놀이터도 아무도 없는 시간에만 갔는데, 요즘은 관심이 많아져 길가는 형아, 누나, 아기, 친구를 보고 외치고 인사하기도 합니다.

- 노래를 좋아합니다. 엄마가 노래를 못하는데도 잘 들어주고 조금씩 서로 주고받기 시작하면서, 엄마 말을 듣고 기억하는구나 싶어 기특합니다.
- 소리에 굉장히 예민해서 드라이버 소리에도 울고, 멀리서 아기 우는 소리에 본인이 더 크게 자지러졌는데, 요즘은 스스로 괜찮아 하며 진정할 때도 있어서 너무 기특합니다.
- 그네랑 회전의자를 좋아하고, 하루에 몇 시간이고 잘 탑니다. 그 시간 동안 엄마 눈을 가장 잘 봐줘서 고마운 시간입니다.
- 탈것에 굉장히 관심이 많습니다. 기차, 자동차를 제일 좋아하고, 타는 거는 소방차, 경찰차, 유조차, 쓰레기차, 탱크, 포크레인, 로더까지 다 알 정도로 관심이 많습니다.
- 장난을 좋아합니다. 엄마나 할머니 눈치를 살살 보며 해야 할 일을 하자고 할 때, 일부러 고개를 젓고 싫다고 표현하거나 장난치려고 개구쟁이처럼 굴기도 합니다. 눈을 보고 장난치려는 모습에 평범한 다른 아기 같다는 생각이 들어 화가 나기보다 애 키우는것 같아서 귀엽습니다.
- 가족을 좋아합니다. 집에 있다가도 몇 번씩 할아버지 집에 가자 하기도 합니다.
- 정리를 잘합니다. 다 놀았으면 같이 정리하자고 하면 그래도 꽤 따라서 함께 해주기도 합니다.
- 자기가 가진 걸 잘 나눠줍니다. 처음 보는 친구들에게도 좋아하는 과자를 잘 나눠줍니다. 좋아하는 장난감도 형이랑 같이 놀게 하나 빌려주자고 잘 건네주고, 나누는 것도 배워가고 있습니다.
- 에너지가 넘칩니다. 잠도 적게 자는데 에너지는 넘쳐 감당이 힘들 때도 있지만, 씩씩하게 잘 자라주는 것 같아 고맙게 생각하고 있습니다.

자폐 영유아와 함께 놀이하며 성장하기

찰떡
엄마 아빠 되기

영유아기에 애착이 정말 중요하다는 것은 이미 널리 알려진 사실입니다. 애착을 어떻게 형성할 수 있는 것일까요? 애착과 관련된 매우 상징적이고 유명한 실험이 하나 있습니다. 미국의 심리학자 해리 할로우는 갓 태어난 원숭이를 어미로부터 격리시키고 우리 안에 우유병이 있는 철사 엄마와 보드라운 헝겊으로 감싼 헝겊 엄마를 나란히 두었습니다. 그랬더니 먹을 우유에 강하게 끌릴 거라는 예상과 달리 부드럽고 온기를 느낄 수 있는 헝겊 엄마에게 가서 안정을 느꼈다고 합니다. 나중에는 헝겊 엄마에게 매달린 채로 철사 엄마에게 달린 우유를 먹었다고 합니다. 이처럼 영유아기 스킨

섭의 중요성은 아주 오래전부터 강조되어 왔습니다. 그렇다고 하루 종일 안고만 있으면 자연스럽게 애착이 형성될까요?

애착은 아이와 양육자 사이의 정서적인 유대관계를 말합니다. 헝겊 엄마 같은 포근한 품도 중요하지만 그 이상으로 정서적인 따뜻함이 필요합니다. 아이는 어떨 때 엄마 아빠가 나를 사랑하는구나, 느낄 수 있을까요? 사랑 가득한 눈빛, 눈이 마주칠 때마다 웃어주기, 사랑한다고 말하기, 꼭 껴안아주기 모두 중요합니다. 하지만 한번 생각해봅시다. 배고파서 앙앙 울고 있는데 그저 '아이고 예뻐라 우리 아기'라고 바라본다면 엄마 아빠가 날 사랑하는구나 하는 생각이 들까요? 도형 끼우기 장난감이 생각만큼 끼워지지 않아서 화가 나 던졌는데 '우리 지윤이 왜 그래, 기분 풀어, 안아줄게' 하면 막 기분이 풀어질까요?

아이가 사랑받는다고 느낄 수 있도록 하는 아주 강력한 방법은 아이의 말에 귀 기울이는 것입니다. 아이의 눈빛 하나에도, 울음 하나에도, 표정 하나에도, 몸짓 하나에도, '아, 우리 아이가 나에게 하고 싶은 말이 있구나'라고 생각하고 최대한 아이에게 귀 기울이는 것입니다. 배고파서 울고 있는 아기에게는 '배가 고파서 울고 있었어? 이제 우유 먹자'라고 말해주는 엄마 아빠가 최고입니다. 그렇게 아기는 '아 내가 배고파서 울면 엄마 아빠가 오는구나'를

자폐 영유아와 함께 놀이하며 성장하기

알게 됩니다. 다음에도 아기는 배가 고프면 울지만 곧 엄마가 다가오는 걸 보면서 '아, 이제 먹겠구나' 생각에 금방 울음을 뚝 그치고 기다립니다. 아기는 엄마 아빠의 이런 세심한 반응을 통해 '이 사람은 믿을 만한 사람이구나'라는 생각을 하게 되고, 엄마 아빠가 오랜 기간 늘 세심하게 반응하다 보면 아기는 '세상이 믿을 만한 곳이구나'라는 생각을 하게 됩니다. 뭘 해도 믿을 만한 엄마 아빠를 베이스캠프 삼아 세상에 한 발 한 발 내디뎌보는 것입니다.

놀이 이전에 아이와 관계를 맺는 것이 가장 중요하다고 했습니다. 지금, 아이와 엄마 아빠는 서로 눈빛만 봐도 통하는 사이인가요? 아이가 무엇을 하고 싶은지, 어떤 것을 원하는지 잘 알 수 있나요? 아이가 어떤 행동을 하는 데에는 다 그럴 만한 이유가 있다고 생각하나요? 아이에게 엄마 아빠가 사랑한다고 느끼게 관계를 맺는 가장 좋은 방법은 아이의 말을 찰떡같이 알아듣는 것입니다. 우리 아이들은 찰떡같이 이야기하는 것을 참 어려워하기 때문입니다. 그뿐만 아니라 눈맞춤도 적고 관심도 별로 없는 것 같습니다. 별일 없이 화를 내는 것 같기도 합니다. 그렇지만 아이들의 모든 눈빛, 표정, 몸짓, 말에는 무언가가 있습니다. 어떠한 욕구, 의사, 의미가 담겨 있습니다. 그것을 찰떡같이 알아차리는 것이 중요합니다. '우리 엄마 아빠는 내 마음을 나보다 더 잘 알아!'라고 느낄 수 있도록 아이의 숨은 의도까지 파악해주는 찰떡 엄마 아빠가 되는 것이 아이와의 관계에서 기본이 되어야 합니다.

찰떡같이 아이의 마음을 안다는 것은 무엇일까요? 다음의 이야기를 통해 함께 생각해보겠습니다.

도형 끼우는 장난감을 가지고 놀고 있던 지윤이가 몇 번 끼우려 시도하더니 갑자기 장난감을 휙 던졌습니다. 왜 그랬을까요?

① 지윤이는 이유 없이 자주 화가 난다. 오늘도 그랬을 것이다.

② 도형 끼우기가 마음만큼 되지 않아서 화가 났을 것이다. 몇 번 시도했는데도 안 되니 화나서 던졌을 것이다.

그럴 때 어떻게 대처하는 것이 좋을까요?

① 안아주면 금방 그치니까 얼른 안아준다.

② '이거 던지면 위험해, 던지면 이놈한다' 하고 혼내준다.

③ '지윤이가 도형 끼우기가 마음만큼 되지 않아서 화가 났구나'라고 달래주고 다시 잘 끼울 수 있도록 도와준다.

사실 이 상황에 대한 정답은 아주 쉽습니다. 아마도 지윤이는 도형 끼우기가 마음만큼 되지 않아서 화가 났을 것이고, 엄마 아빠가 그 마음을 알아주고 다시 해보자, 하면 됩니다. 그런데 평소 이런 상황에서 어떻게 하시나요? 정말 아이의 마음을 읽어주고 아이가 다시 할 수 있도록 도와주시나요? 제가 지금까지 만난 부모님들은 대략 1번 40%, 2번 40%, 3번 20% 정도였습니다. 이유는 다양합니다. 정말 아이의 마음을 알지 못해서 그런 분들도 있었고, 어떤 분은 아이가 매일 우는 소리를 하니 이제는 적절하게 대처해주기 지쳤다고 하시는 분들도 있었습니다. 또, 던지는 건 나쁜 행동이니까 교정해주려는 시도를 한 분들도 있었습니다. 던지는 건 나쁜 행동이 맞지만 다른 방법으로 지도할 수 있습니다.

찰떡같이 아이의 마음을 알아차리는 좋은 방법은 '우리 아이가 정말 말을 잘하는 아이였다면 어떻게 했을까'를 곰곰이 생각해보는 것입니다. 지윤이가 정말 말을 잘하는 아이였다면, 위와 같은 상황에서 어떻게 했을까요? 아마도 '왜 안 되지'라며 여러 번 시도해 봤을 것입니다. 그러면 엄마 아빠는 옆에서 지윤이가 잘 안 돼서 고생하는구나, 먼저 알아차릴 수 있었을 것입니다. 그리고 거듭 시도해도 계속 실패한다면 장난감을 던져 버리는 대신에 '이거 끼워줘' 혹은 '안 돼' '도와줘' 이런 말을 하면서 도움을 요청했을 것입니다. 그런데 아이는 말을 잘 못합니다. 말을 할 수 있더라도 세련되게 소통을 하지는 못합니다. 그러다 보니 몸이 먼저 나가게 됩니다.

아이가 말을 잘하게 하기 위해서 우리는 아이에게 수많은 말을 하고, 끊임없이 말을 시킵니다. 새로운 어휘를 들려주고 반복해서 말하기 연습을 시킵니다. 하지만 아이가 말을 잘하게 하기 위해서 어휘를 가르치는 것보다 먼저 해야 할 것은 (그리고 앞으로 쭉 계속해야 할 것은) 경청입니다. 경청이요? 아이가 말을 못하는데 말을 들어주라고요?

우리는 아이의 말에 귀를 기울입니다. 그런데, 말로 해야만 알아들어 줍니다. 냉장고 앞에서 낑낑거리면 어떻게 하나요? "주세요~ 해야지!" 물론 '주세요'라는 말은 무척 중요합니다. 생존에 꼭 필요한 단어입니다. 하지만 냉장고 앞에서 낑낑거릴 때 "요구르트 먹고 싶어?" 하고 아이의 의도를 읽어준다면 아이는 '아, 내가 지금 요구르트 먹고 싶어서 엄마한테 낑낑거리고 있구나'라는 것을 알게 됩니다. 아이의 행동에도 목소리(의사와 표현)가 있다는 것을 알아주는 게 경청이고, 이것이 핵심입니다.

찰떡같이 아이의 마음을 알게 되는 것은 여러 가지 이점이 있습니다. 먼저, 부모의 입장에서 일단 덜 답답합니다. 아이를 키우면서 도대체 왜 이러나 싶은 답답한 상황이 많습니다. 그럴 때 아이

자폐 영유아와 함께 놀이하며 성장하기

가 이유 없이 그런다 생각하면 이유를 찾지 못하니 해결 방법도 알 수 없어서 괴롭습니다. 그런데 아이가 다 생각이 있구나! 그래서 그랬구나, 하고 이유를 알게 되면 아이를 좀 더 이해할 수 있습니다. 대하는 데 여유가 생기고 너그러워집니다. 또, 이유를 알게 되면 좀 더 정확한 해결 방법이 생깁니다. 도형 끼우기가 안 돼서 화가 났다면, 도형을 잘 끼울 수 있도록 도와주면 됩니다. 또한 같은 상황이 벌어지는 것을 미리 예방할 수도 있습니다. 다음 번에는 아이가 화를 내기 전에, 장난감을 던지기 전에 먼저 지켜봐줄 수 있습니다. '지난 번에 지윤이가 잘 안 돼서 던졌으니까 오늘은 먼저 도형 끼우는 것을 도와줘야겠다' 하고 생각할 수 있습니다. 그러다 보면 아이와 보내는 시간이 좀 더 재밌어집니다. 새로운 아이를 발견하게 됩니다.

엄마 아빠가 자신의 마음을 찰떡같이 알아차려 준다면 아이에겐 어떤 이점이 있을까요? 첫 번째로 좋은 점은 엄마 아빠와 같습니다. 엄마 아빠가 마음을 찰떡같이 알아차려 주면 아이는 화가 덜 납니다. 우리도 그렇습니다. 어른들끼리 싸울 때 어떻게 하나요? '미안해. 잘못했어' 그러면 '뭐가 미안한데?' 하고 왜 화가 났는지 알고 있는지 확인합니다. 아이들도 마찬가지입니다. '도형 끼우기가 잘 안 돼서 화가 났구나' '요구르트가 먹고 싶구나'라고 엄마 아빠가 마음을 읽어주면 속이 시원합니다. 두 번째로, 아이는 엄마 아빠가 찰떡같이 알아듣고 풀어주는 말을 들으면서 자신에게 벌어진 상황이 어떤 상황인지 알아차립니다. 갓난아기가 우는 것으로 소통하다가 점차 울음이 아닌 다른 방법으로 소통하는 것을 배우듯이, 아이는 엄마 아빠의 말을 통해 자신이 뭘 했는지, 이 상황이 어떻게 된 것인지 배우게 됩니다. 마지막으로, 아이는 엄마 아빠의 찰떡같은 이야기를 들으면서 어떻게 의사소통해야 하는지를 배웁니다. 엄마 아빠가 아이의 행동을 보고 아이가 하고 싶은 말을 대신해주면 아이는 이 상황에서 자신이 해야 할 말이 무엇인지 배우고, 따라 하게 됩니다. '잘 안 돼' '도와줘' 이런 말들을 자연스럽게 배우게 되는 것입니다.

미국에서 지낼 때 아이들이 하교 후 학교 운동장에서 뛰어노는 걸 기다리면서 아이 친구 엄마들과 수다를 떠는 것이 저의 중요한 일과였습니다. 참고로 저의 영어실력은 앞서 말했듯 한국에서 영어 시험은 그럭저럭 보지만 생활 영어는 못하는 수준입니다. 그래도 늘 가만히 듣고만 있을 순 없으니 조금씩 한두 마디 대화를 시작해 보았습니다. 제가 엉망진창으로 말해도 다행히 미국 친구가 찰떡같이 알아듣고 "You mean 찰떡?"이라고 제대로 바꿔서 말해주었습니다. 원하는 것도 제대로 표현하지 못하는 수준이라 개떡

자폐 영유아와 함께 놀이하며 성장하기

같이 말하면서 제 자신도 얼마나 속이 터졌겠습니까. 하고 싶은 말은 너무나도 많은데 제 머릿속에는 그 말이 없어서 돌려돌려 말해야 하는 처지라니. 아는 단어 더듬더듬, 손으로, 발로, 얼굴까지 총동원해서 말해야 했습니다. 그럴 때 친구가 "You mean 찰떡?"이라고 정리해서 말해주면 와… 얼마나 속이 시원하던지요! 그 다음에는 어떻게 했을까요? 가끔은 그 찰떡을 잘 외워서 써먹을 때도 있었지만 대부분은 다음에도 또 개떡같이 말합니다. 한 번에 금방 되는 것이 아니었습니다. 그럼 또 그 친구가 "아 찰떡했구나. 그랬구나"라고 또 얘기해줍니다.

찰떡 엄마 아빠가 되는 가장 빠른 길은 바로 "You mean 찰떡?"을 하는 것입니다. 이는 마음만 먹는다고 바로 되는 쉬운 일은 아닙니다. 하지만 꾸준히 하다 보면 어느 순간 머릿속에 번개가 치듯 서로 통했다!는 느낌이 듭니다. 이 과정에서 아이의 짜증이 줄고 말이 늘어갑니다.

눈을 보고
말해요

"사람의 눈은 혀만큼이나 많은 말을 한다. 게다가 눈으로 하는 말은 사전 없이도 누구나 이해할 수 있다"

- 랄프 왈도 에머슨Ralph Waldo Emerson -

아이가 남들과 조금 다르다는 것을 알게 된 때는 언제인가요? 자폐의 조기 징후 가운데서 눈맞춤은 가장 먼저 확인할 수 있는 부분입니다. 맘카페들에서 아이가 자폐인지 걱정된다는 글에는 대부분 '눈맞춤이 거의 없어요' '보긴 보는데 다른 데를 보는 것 같아요' 등의 이야기가 꼭 나옵니다. 실제로 눈맞춤은 자폐를 진단

자폐 영유아와 함께 놀이하며 성장하기

하는 주요한 기준입니다. 미국 정신과 협회의 진단기준DSM-5-TR에 따르면 비언어적 의사표현의 어려움이 있습니다. 여기에는 눈맞춤, 표정, 제스처 등이 포함됩니다.

자폐가 있는 사람들은 눈맞춤에 다르게 반응합니다. 미국 예일대 연구팀[8]은 뇌 스캔을 사용해서 자폐 성인과 일반인의 눈맞춤에 대한 반응을 비교한 결과 두 집단 사이에 두뇌의 다른 영역을 활성화하는 차이가 있었다고 했습니다. 또 다른 연구[9]는 눈맞춤과 관련된 뇌 활동을 연구하기 위해 3-6세 아동의 뇌파를 검사했는데, 일반 아동이 아래로 내려다보는 시선보다 똑바로 마주 보는 시선에 더 강한 반응을 보이는데 비해 자폐 아동은 직접적으로 마주 보는 눈맞춤보다 아래로 내려다 보는 시선에 더 강한 반응을 보였다고 합니다. 이러한 연구 결과는 일반적인 아동의 경우 다른 사람이 눈을 쳐다보는 것이 자연스럽게 눈맞춤으로 이어지는 동기를 자극하게 되지만 자폐 아동은 자연스러운 동기 유발이 되지 않는다는 것을 의미합니다.

자폐 아동은 다른 사람이 말하는 것을 들으면서 그 사람의 눈을 쳐다보며 집중하는 것이 어렵습니다. 또한, 다른 사람의 눈을 보는 것이 입이나 손을 보는 것보다 더 많은 것을 알 수 있다는 것을 이해하지 못합니다. 오히려 눈맞춤을 매우 강렬하고 압도적인 감각으로 느끼기도 합니다. 자폐 청소년과 성인의 눈맞춤 경험에 대해 인터뷰한 연구[10]에 따르면 그들은 사회가 눈맞춤을 중요하게 생각하는 것을 매우 잘 알고 있지만 눈맞춤이 잘 안 될 뿐 아니라 억지로 눈맞춤을 하려 할 때 현기증, 두통, 심박수 증가, 메스꺼움, 통증, 떨림 등을 경험한다고 했습니다. 심지어는 눈을 맞추는 것이 다른 사람의 말에 집중하는 것을 방해한다고 했습니다.

그렇다면 아이의 특성을 충분히 존중해서 눈맞춤을 하지 않는 것이 좋을까요? 그렇게 고통스럽다는데 굳이 눈맞춤을 해야 할까요? 해야 한다면 왜 그렇게 눈맞춤이 중요할까요?

케임브리지대학 연구팀[11]에서는 아기와 눈을 마주칠 때 성인과 아기의 뇌파가 서로 '동기화'된다는 것을 확인했습니다. 동기화는 엄마 아빠와 아기가 언제 말을 할지, 언제 들을지에 대해 서로 맞춰가는 것을 의미합니다. 눈맞춤을 통해 서로 의사소통할 준비를 한다는 것을 확인한 것입니다. 아기와 엄마 아빠는 서로를 바라보면서 자연스럽게 의사를 주고받게 됩니다.

사람들은 눈을 통해서 많은 메시지를 전달합니다. '말하지 않아도 알아요. 눈빛만 보아도 알아' 초코파이 광고에서도 이렇게 말합니다. 사전을 찾아보면 눈빛은 '눈에 나타나는 기색'이라고 합니다. 차가운 눈빛, 날카로운 눈빛, 따뜻한 눈빛 등. 물론 이 눈빛은 얼굴의 모든 부위를 제외하고 '눈'만 보고 알 수 있다는 것은 아닙니다. 하지만 그만큼 눈에서 많은 것을 표현하고 말한다는 것을 의미합니다. 대화할 때 다른 사람의 눈을 잘 쳐다보면 그만큼 상대방이 전하는 메시지를 정확하게 알 수 있습니다. 눈맞춤은 또한 상대방에게 주의를 기울이고 대화에 참여하고 있다는 메시지를 전달합니다. 내가 말하고 있는데 상대방이 다른 곳을 쳐다보면 어떤 느낌이 드나요? 내 말을 듣고 있는 건가? 확신이 들지 않기도 하고 그런 반응이 지속되면 지금 나를 무시하는 건가? 하는 생각까지 들기도 합니다. 예전에는 어른이 말씀하실 때 눈을 똑바로 보지 않는 문화가 있었지만 최근에는 우리나라도 눈을 마주 보며 대화하는 것이 일반적입니다. 대화 내내 눈을 뚫어지게 쳐다보지는 않더라도 간간이 눈맞춤을 해야 상대방이 자신의 말에 관심을 갖고 있다는 것을 확인하게 되고 대화가 원활하게 이어집니다.

아이가 눈맞춤을 잘 못하는 것은 엄마 아빠에게 관심이 없다는 것을 의미하는 것은 아닙니다. 엄마 아빠를 싫어하는 것은 더더욱 아닙니다. 집중력이 부족한 것도 아닙니다. 아이가 눈맞춤을 잘 하지 못하는 것은 아이의 잘못이 아니고 그저 아이의 특성이자 자폐의 특성입니다. 그렇지만 눈맞춤을 하게 되면 조금 더 원활한 의사소통을 할 수 있고, 더 많은 것을 배울 수 있습니다. 그래서 우리는 아이와 눈을 맞출 수 있도록 해야 합니다. 아이도 상대방과 눈을 맞추도록 교육하고 훈련해야 합니다. 앞에서 소개했던 자폐 청소년과 성인의 인터뷰에서 이런 얘기가 나왔습니다. 눈맞춤은 친밀하고 믿을 만한 사람들과만 했으면 좋겠다고요. 친밀하고 믿을 만한 사람? 바로 엄마 아빠입니다. 엄마 아빠라면 눈빛이라는 목소리에 귀 기울이는 방법을 알려줄 수 있습니다.

그렇다면 어떻게 눈맞춤을 가르치면 좋을까요? '엄마 봐!' '눈 똑바로 봐!' 이렇게요? 아닙니다. 눈맞춤은 자연스럽게 이루어져야 합니다. 아이가 엄마 아빠를 보도록 가르치는 것이 아니라 엄마 아빠가 아이의 눈에 찾아가야 합니다. 너의 눈빛이 스쳐가는 그 길목에 내가 있을게, 이런 느낌으로 해야 합니다.

눈맞춤의 기회 늘리기

아이와 눈 맞추는 확률을 높이기 위해서는 눈이 마주칠 수밖에 없는 환경을 만들어주면 됩니다. 아이에게 강요하지 않고도 눈맞춤을 할 수 있는 방법은 다음과 같습니다.

자폐 영유아와 함께 놀이하며 성장하기

마주 보고 앉기

아이가 놀이하고 있을 때 아이의 맞은편에 앉아보세요. 아이의 옆이나 뒤에 있는 것보다는 정면에 있을 때 가장 눈을 마주치기 쉽습니다. 아이가 그저 고개만 들어도 엄마 아빠의 눈을 볼 수 있는 곳에 자리를 잡으세요. 놀이를 하다가 아이가 움직이면, 엄마 아빠도 아이에 맞춰 따라 갑니다. 고개만 움직이지 말고 몸 전체가 아이를 바라보도록 몸을 움직이세요.

눈높이 맞추기

아이와 마주 보고 앉았을 때에는 아이의 시야를 확인하고 아이의 눈높이 혹은 눈높이보다 조금 낮은 곳에 엄마 아빠의 눈이 있어야 합니다. 바닥에 앉아서 놀이를 할 때 엄마 아빠가 허리를 숙이지 않으면 엄마 아빠의 눈이 아이의 눈보다 훨씬 높은 곳에 있게 됩니다. 이렇게 되면 아이가 의도적으로 열심히 위를 쳐다봐야만 엄마 아빠의 눈을 볼 수 있습니다. 아이가 바닥에서 놀이할 때에는 허리를 숙여 눈높이를 맞춰주세요.

엄마 아빠와 아이 가운데에 장난감 두기

아이와 놀이할 때 장난감은 엄마 아빠와 아이 사이에 둡니다.

장난감이 벽을 향하고 있으면 아이가 벽을 쳐다보며 놀이할 수 밖에 없습니다. 너무 큰 부엌 놀이장 같은 것은 어쩔 수 없지만 되도록이면 놀잇감은 방 가운데로 옮겨서 서로 마주 보며 놀이할 수 있도록 해주세요. 꼭 엄마 아빠를 봐야겠다, 큰 맘 먹지 않고도 장난감을 들었을 뿐인데, 우연히 앞을 봤을 뿐인데 거기 엄마 아빠가 있으면 눈맞춤의 기회가 늘어날 수 밖에 없습니다.

아이가 좋아하는 물건을 엄마 아빠의 얼굴 가까이에 두기

이 방법은 약간 어색하지만 효과가 엄청난 방법입니다. 아이가 좋아하거나 관심을 보이는 물건을 엄마 아빠의 얼굴 가까이에 두면 아이는 물건을 쳐다보기 위해 자연스럽게 엄마 아빠의 얼굴을 쳐다보게 됩니다. 예를 들어, 아이가 도형 끼우기를 할 때 다음 도형 조각을 집어서 곧바로 아이의 손에 쥐어주는 대신에 도형 조각을 엄마 아빠의 눈높이에 가져가는 것입니다. 그러면 아이는 눈으로 도형 조각을 따라가다가 자연스럽게 엄마 아빠의 눈을 쳐다보게 되는 것입니다. 관심이 없는 물건이면? 안 따라갑니다. 무엇이든 아이가 관심을 보여야 효과가 좋습니다.

자폐 영유아와 함께 놀이하며 성장하기

거울 보고 앉기

가장 좋은 방법은 마주 보고 앉아 직접 눈을 맞추는 것이지만, 때론 얼굴을 마주 보는 것이 아이를 긴장하게 할 수도 있습니다. 그럴 때면 거울을 앞에 두고 아이 옆에 나란히 앉아보세요. 아이는 거울을 보면서 엄마 아빠와 눈을 맞추는 동시에 자신의 모습을 볼 수 있습니다.

눈맞춤의 목표는 당연히 서로 눈을 마주치는 것이지만, 그렇다고 아이가 엄마 아빠의 눈을 보도록 가르치는 것이 아닙니다. 오히려 아이와 눈을 많이 마주칠 수 있도록 엄마 아빠가 움직이는 것입니다. 눈을 마주치기 위해 열심히 애를 썼는데 안 될 때 '아빠 눈도 한 번 봐줘' 이런 말 안 하셔도 됩니다. 반대로 아이의 눈과 엄마 아빠의 눈이 마주쳤다면, 그 다음에는 뭘 하면 좋을까요? '옳지, 엄마 아빠 봤네. 잘했어' 안 하셔도 됩니다. 그저 눈이 마주쳤을 때 한 번 싱긋 웃으면 됩니다. 나를 보려고 한 게 아닌 것 같아, 실수로 마주친 것 같아, 괜찮습니다. 눈이 마주친 모든 순간 '응, 엄마 아빠가 여기 너와 함께 있어'의 메시지를 가득 담은 따뜻한 눈빛, 그것으로 충분합니다.

Play

특별한 놀이 시간
만들기

하루 몇 시간 정도 아이와 시간을 보내시나요? 깨어있는 시간 기준으로 기관에 다니지 않는 아이는 대략 12시간, 기관에 다니는 아이는 대략 6-8시간을 가정에서 보냅니다. 이 중에서 먹이고, 씻기고, 재우는 시간을 제외하면 평균 2-5시간 정도, 다른 형제자매를 챙기거나 치료실 등에 다니는 시간을 제외한다면 아이와 실제로 놀이할 수 있는 시간은 1-2시간 정도로 볼 수 있습니다. 어쩌면 그리 많지 않은 이 시간 중에 아이와 놀이하는 시간은 얼마나 되시나요?

'자~ 지금부터 같이 놀자!' 오늘은 열심히 놀아보리라 다짐을 하고 아이 옆에 자리를 잡습니다. 매번 똑같은 놀이, 지루하지만 아이에게 맞춰보려 애를 쓰다가 시계를 보니 5분 지났네요. 갑자기 바닥에 먼지가 눈에 띕니다. 치우고 싶은 마음을 꾹 누르고 조금 더 놀아줍니다. '띠리리리리링' 마침 세탁기가 다 되었다는 소리가 들리네요. '잠깐만, 건조기 돌리고 올게' 건조기를 돌리고 돌아오는 길에 싱크대에 있는 컵이 보입니다. '저것만 얼른 씻어놓고 가야겠다' 다시 돌아와 앉습니다. '다시 재밌게 놀자!' 그런데 에게? 이제 겨우 10분 지난 거야?

큰맘 먹고 시작해도 오롯이 아이에게 집중하는 놀이 시간을 갖기란 생각보다 쉽지 않습니다. 쌓여 있는 집안일이 자꾸 부르거나 아이와의 놀이가 생각만큼 재미있지 않습니다. 둘 다라면 상황은 더욱 막막합니다. 하지만 아이와 함께 놀이하는 시간이 거듭될수록 앞으로 아이와의 놀이는 점점 재미있어질 것이고, 놀이 시간은 점점 짧게 느껴질 것입니다. 그렇더라도 처음 놀이를 시작할 땐 의지가 필요합니다. 하늘이 두 쪽 나도 아이와 놀이하는 시간을 사수한다는 굳은 다짐이 필요합니다.

자폐 영유아와 함께 놀이하며 성장하기

하루 15분, 특별한 놀이 시간

아이에게 온전히 집중하는 놀이 시간을 저는 '특별한 놀이 시간'으로 부릅니다. 그렇다면 이 시간을 얼마나 가져야 아이의 발달을 도울 수 있을까요? 정말 기쁜 소식을 전하자면, 특별한 놀이 시간은 하루 15분이면 충분합니다. 15분, 처음부터 거뜬히 집중하며 놀 수 있는 시간은 아니지만, 엄청난 열정이 없어도 충분히 가능한 시간입니다. 선생님, 우리 아이는 잠시도 가만 있질 않는데요? 한 번에 15분을 놀이하기 어려우면 5분씩 하루 세 번 놀이해도 됩니다. 선생님, 저는 열정이 넘치는데요? 15분만으로 되나요? 열정이 넘치면 15분씩 두 번, 세 번 해도 됩니다. 아이와 좋은 놀이 친구가 되었나요? 서로에게 15분이 아쉬워질 때면 30분씩 놀이해도 됩니다.

특별한 놀이 시간 정하기

아이는 먹고, 자고, 씻는 시간을 제외하면 눈을 뜨는 순간부터 잠들기 직전까지 하루 종일 놀이를 합니다. 심지어는 먹으면서도, 잠자리에 누워서도 놉니다. 엄마 아빠가 마음만 먹으면 언제든 함께 즐겁게 놀이할 수 있습니다. 놀이 시간은 엄마 아빠의 마음이 편안하고, 아이의 컨디션이 좋은 시간으로 정하면 됩니다.

먼저, 엄마 아빠가 언제 편안히 놀이에 참여할 수 있는지 찾아보세요. 출근과 등원으로 정신없이 바쁠 때에는 놀아줄 수 없겠죠. 저녁 먹고 치우고 잘 준비를 할 때에도 편안한 마음으로 놀이하기는 쉽지 않습니다. 집안일과 다른 바쁜 일들은 잠시 내려놓을 수 있는 시간을 찾아보세요. 형제자매가 있다면 형제자매가 기관에 가 있는 시간이나 다른 가족이 돌봐 줄 수 있는 시간으로 정하는 것이 좋습니다. 최대한 아이와 엄마 아빠가 외부의 방해를 받지 않는 시간이어야 합니다.

특별한 놀이 시간은 아이가 '엄마 아빠와 놀이하는 게 정말 재밌구나!' 하고 느끼는 시간이어야 합니다. 그러려면 아이의 컨디션이 좋을 때 놀이해야 합니다. 아이가 피곤해서 징징거리고 있는데 억지로 놀이하면 재미도 없고 감동도 없습니다. 대체로 아이들은 낮잠을 자고 일어났을 때, 좋아하는 간식을 먹었을 때 기분이 좋습니다. 우리 아이는 언제 컨디션이 좋은지 생각해보세요.

특별한 놀이 시간은 가정의 상황에 따라 다를 수 있습니다. 시우네는 시우가 낮잠 자고 일어나 간식을 먹고 엄마가 저녁식사를 준비하기 전인 3시반부터 5시까지가 제일 편한 시간이었습니다. 재영이네는 재영이가 일어나는 아침 6시부터 아빠가 출근을 준비

자폐 영유아와 함께 놀이하며 성장하기

하기 전인 7시 사이에 특별한 놀이 시간을 가졌습니다. 서준이네는 누나가 하원하기 전 2시에서 3시 사이에 놀이했습니다. 꼭 월화수목금토일 모두 같은 시간에 놀이해야 하는 것은 아닙니다. 주중엔 낮잠 자고 일어나서 놀이하고, 주말엔 아침 먹고 놀이해도 괜찮습니다. 하지만 되도록이면 아이가 '이때쯤이면 엄마 아빠가 나랑 놀아줄 시간인데'라고 예측할 수 있을 만큼 정해진 시간에 놀이하는 것을 권합니다. 정해진 시간에 놀이하면 놀이하기 전에 먼저 기대를 가질 수 있고 더 즐겁게 참여할 수 있습니다.

함께 놀자!

특별한 놀이 시간의 규칙은 단 하나입니다. 아이와 단둘이 하는 지금 이 놀이에 온전하게 집중하며 함께 노는 것입니다. 엉덩이만 함께하면 안됩니다. 영혼도 함께해야 합니다. 설거지하고 싶은 마음도, 오늘 저녁 메뉴 생각도 모두 내려놓고 아이와의 놀이에 집중해야 합니다. 아이의 몸짓 하나, 목소리 하나하나에 귀 기울여야 합니다. '엄마 아빠는 너의 놀이가 궁금해. 너와 함께 놀고 싶어' 이런 마음을 온몸으로 뿜어내야 합니다. 호기심 어린 눈으로 아이를 바라보고, 아이와 즐겁게 놀이하면서 아이에게 '어? 엄마 아빠가 여기 있었네?' 하는 존재감을 심어주어야 합니다.

매일매일 놀기

특별한 놀이 시간을 정하고 매일매일 놀이해 보세요. 오늘 1시간 놀고 다음날 쉬고 그 다음날 2시간 노는 것보다 하루 15분씩 매일매일 놀이하는 것이 더 좋습니다. 매일매일 세 끼 밥을 먹듯 정해진 시간에 놀이 시간을 가지면 어느새 가족의 일과 속에 자리 잡게 됩니다. 자폐 아이들은 반복되는 일과 속에서 안정을 찾고 훨씬 더 적극적으로 참여할 수 있습니다. 매일 혼자 놀던 시우는 엄마와 특별한 놀이 시간을 가진 뒤부터 그 시간을 기다리게 되었습니다. 간식을 먹고 치우면 엄마가 '시우야 엄마랑 놀자~'라는 말을 꺼내기도 전에 시우가 제일 좋아하는 소방차를 들고 엄마에게 옵니다. 특별한 놀이 시간을 기대하고, 더 즐겁게 참여할 수 있도록 정해진 놀이 시간을 지켜주세요.

자폐 영유아와 함께 놀이하며 성장하기

어디서
놀이할까

　"선생님, 서준이랑 같이 놀기가 너무 힘들어요. 놀자고 하면 미니카 30초 만지작거리다, 주방놀이 30초, 탬버린 잠깐 흔들다가 도형 끼우기 쏟아 놓고 같이 끼우자 하면 도망가요. 그나마 사운드북은 조금 앉아서 듣나……. 15분 동안 방황만 하다가 끝나는 것 같아요." 서준이 엄마의 말에 서준이 방을 살펴봅니다.

　서준이 방은 장난감 천국입니다. 한쪽 수납장에는 서준이가 좋아하는 온갖 미니카와 타요 주차장 놀이 세트, 커다란 캐리어카, 굴삭기와 덤프트럭이 자리잡고 있습니다. 바닥에는 자동차 도로가 그려진 카페트가 깔려 있습니다. 그 옆에는 커다란 주방놀이 세트와 장난감 세탁기가 있고, 반대편 책장에는 서준이가 사랑하는 사운드북이 종류별로 있습니다. 수납장 1층에는 크고 작은 블록들이, 2층에는 실로폰, 마라카스, 탬버린이, 3층에는 퍼즐과 도형 끼우기 장난감이 있습니다.

여느 또래 아이의 방과 다름 없지만, 서준이 방은 엄마와 함께 놀이를 시작하기에 좋은 환경은 아닙니다. 왜일까요? 방에 들어가는 순간 수많은 멋진 장난감이 서준이를 반깁니다. 하나가 지겨워지면 다른 하나가 기다리고 있으니 하루 종일 혼자서도 놀이할 수 있습니다. 굳이 엄마랑 같이 놀아야 할 필요가 없습니다. 모든 놀잇감은 서준이가 알아서 꺼내서 놀 수 있고, 사운드북 버튼 한 번 누르면 좋아하는 노래가 끊임없이 흘러나오니까요. 대체로 사람보다는 사물에 쉽게 관심을 보이고, 같이 놀이하는 상대에게 관심이 적고, 다양한 놀이 기술이 부족한 자폐의 특성을 생각해볼 때 이런 방은 서준이와 엄마의 함께 놀이를 방해하기 쉽습니다. 설거지와 빨래가 엄마의 집중력을 흐트러뜨리도록 유혹하듯 혼자 놀이할 수 있는 장난감은 서준이가 엄마와 함께 집중해서 놀이하는 것을 방해합니다.

특별한 놀이 시간에는 아이가 다른 사람과 함께 노는 것이 핵심입니다. 그렇다면 어떤 공간에서 놀이하는 것이 좋을까요?

자폐 영유아와 함께 놀이하며 성장하기

서로에게 집중할 수 있는 공간 찾기

서로에게 집중할 수 있으려면 어디에서 놀이하면 좋을까요? 아이마다 가정마다 가장 좋은 놀이 공간은 다를 수 있습니다. 아이가 놀이에 집중할 수 있는 곳이라면 어디든 좋습니다. 하지만 사방으로 탁 트인 넓은 거실보다는 아늑한 방이 좋습니다. 놀잇감이 가득 차 있는 놀이방보다는 몇 개의 놀잇감에 집중할 수 있는 작은 방이 좋습니다. 처음 놀이를 시작할 때에는 조금 작은 공간에서 시작해 보세요. 아이의 시선을 유혹하는 것들이 적으면 적을수록 지금 눈앞에 있는 놀잇감과 놀이 상대에 집중할 수 있습니다. 거실 한쪽 책장 옆에서 놀이하던 지훈이는 늘 이 책 저 책 빼기만 하고 제대로 집중해서 놀이하지 못했는데 침대와 옷장만 있는 침실로 들어가 좋아하는 놀잇감 한두 개만 가지고 놀이했더니 엄마 아빠에게 훨씬 더 집중할 수 있었습니다.

집안에 유혹이 적은 공간이 없어도 쉽게 만들 수 있습니다. 열린 선반에 매력적인 놀잇감이 가득하다면 천을 덮어서 가려주세요. 문이 달린 수납장을 사용하거나 바구니에 놀잇감을 담아 정리하는 것도 좋습니다. 뻥 뚫린 방이라면 낮은 책장이나 파티션을 활용해서 공간을 분리해 보세요. 한쪽에 놀잇감을 정리해두고 파티

션 안쪽엔 집중해서 놀이할 수 있는 공간을 만들 수 있습니다. 방 한가운데에 테이블이 있다면 구석으로 옮기는 것만으로도 안정감을 줄 수 있습니다.

특별한 놀이 시간에는 놀잇감을 활용해서 놀이해도 되지만 놀잇감 없이 놀이해도 됩니다. 그럴 때 푹신한 침대는 아주 훌륭한 놀이 공간이 됩니다. 옆으로 조금만 돌아누우면 푹신한 침대가 감싸주어 엄마 아빠의 얼굴을 잘 쳐다볼 수 있도록 도와줍니다. 같은 느낌으로 푹신한 빈백이나 아이 소파도 엄마 아빠와 놀이를 하기에 참 좋은 공간입니다.

다른 유혹 차단하기

놀이 공간을 찾았다면 아이가 놀이에 집중하는 데 방해하는 요소를 찾아서 차단해주세요. 관심이 있는 곳에 마음이 있습니다. 놀이 시간에는 TV, 태블릿 PC, 스마트폰 등 모든 미디어는 사용하지 않습니다. 어른도 TV가 켜져 있으면 자연스럽게 TV에 눈이 가는데 하물며 자폐 아이에게 켜져 있는 TV 보지 말고 놀이에 집중하라는 것은 크나큰 욕심입니다. 전원을 끄고 눈에 띄지 않는 곳에 두세요. 배경음악도 필요하지 않습니다.

아이의 시선을 끌 만한 다른 물건들도 보이지 않는 곳으로 치워주세요. 아이가 평소에 혼자 놀이에 심취하는 물건이 있다면 미리미리 보이지 않도록 정리해주세요. 놀이를 시작한 다음에 치우려고 하면 아이가 달라고 떼를 써서 곤란합니다. 엄마 아빠 없이도 아이가 혼자 신나게 놀 수 있고 심지어는 상호작용을 방해할 수도 있는 사운드북, 현란한 빛과 소리가 나는 놀잇감은 이 시간에는 사용하지 않는 것이 좋습니다.

형제자매가 있다면 아이와 놀이하지 않는 다른 가족이 형제자매가 이 특별한 놀이 시간과 놀이를 방해하지 않도록 돌봐주세요. 아이가 엄마 또는 아빠와 방에서 놀고 있는데 그 방에 들어가지 말라며 거실에서 TV를 틀어주는 건 안 되겠죠? 아이가 TV 소리를 듣자마자 득달같이 달려 나갈 테니까요.

집중할 수 있게 자리 배치하기

아이와 놀이할 때 많은 부모님이 아이와 같은 곳(놀잇감)을 바라보는 각도로 앉습니다. 아이의 뒤쪽에 자리잡고 아이의 놀이를 지켜보거나 옆에 앉아 같은 방향에서 놀이를 하거나, 무릎에 앉혀서 책을 읽어주곤 합니다. 이는 익숙하고 편안한 각도이지만, 우리는 '함께' 놀이하는 것이 목표이기 때문에 아이와 최대한 얼굴을 마주 보는 각도로 자리를 잡아야 합니다. 사회 의사소통은 눈, 얼굴, 몸을 통해 이루어지기 때문에 상호작용 하는 내내 아이가 엄마 아빠의 얼굴과 눈을 최대한 볼 수 있도록 기회를 주어야 합니다. 얼굴을 마주 봐야 진정한 교류가 이뤄집니다.

아이가 가장 쉽게 얼굴을 마주 볼 수 있는 각도는 아이의 정면에서 약간 아래의 내려다 볼 수 있는 자리에 엄마 아빠가 있는 것입니다. 그러면 아이가 자연스럽게 앉아 있는 것만으로도 쉽게 눈을 맞출 수 있습니다. '언제나 아이의 눈길이 있는 곳에 있어야겠다' 생각하면 아이의 자리에 따른 위치 찾기가 조금 수월해집니다.

아이와 마주 보는 각도로 자리를 잡으려면 처음에는 테이블을 활용하는 것이 좋습니다. 놀잇감을 가운데 두고 마주 보고 앉는 것이 좋고, 90도 각도로 모퉁이를 사이에 두고 앉아도 괜찮습니다. 식탁에서 아이는 하이체어(유아 식탁의자)에, 엄마 아빠는 어른 의자에 앉으면 아이가 마구 돌아다닐 기회가 줄어들고 눈높이도 맞아서 마주 보고 놀이하기 좋습니다. 바닥에서 놀이해야 한다면 유아 테이블이나 티테이블을 활용해보세요. 아이가 유아 의자에 앉고 엄마 아빠가 바닥에 앉으면 눈높이가 잘 맞습니다. 테이블 위에 놀잇감을 놓고 놀이를 하면 시선이 바닥까지 내려가지 않기 때문에 좀 더 쉽게 엄마 아빠와 눈을 마주칠 수 있습니다. 낮은 테이블에서 놀이할 때 꼭 아이가 의자에 앉아야 하는 것은 아닙니다. 테이블 위에 놀잇감을 올려 두고 서서 놀이하는 것을 좋아하는 아이들이 많습니다. 이때에도 역시 엄마 아빠는 아이와 마주 보고 앉아서 놀이하면 됩니다. 책을 읽을 때에도 마주 보거나 90도로 옆에 앉는 자세로 볼 수 있습니다. 마주 보면서 책을 읽어주면 아이가 책을 보는 동시에 엄마 아빠의 표정을 볼 수 있습니다.

놀잇감이 없어도 되는 사회적 놀이를 할 때에는 마주 보는 자세라면 모두 환영입니다. 아이가 바닥에 등을 대고 눕고 엄마 아빠는 아이와 눈을 맞추며 놀이하는 자세는 신생아 때부터 익숙한 자세이고, 상대방의 눈과 얼굴 표정에 집중하기에 아주 좋습니다. 앞서 말한 것과 같이 침대에 서로 마주 보고 누워서 놀이하는 것도 좋고, 아이가 빈백이나 유아 소파에 앉는 것도 편안하게 상대방에게 집중할 수 있습니다. 아이를 엄마 아빠의 다리나 무릎 위에 올려놓고 마주 보면서 통통 튀기는 놀이도 자연스럽게 얼굴을 마주 보며 할 수 있습니다.

꼭 정해진 한 곳에서만 놀이를 해야 하는 것은 아닙니다. 간지럼 놀이는 침대에서, 자동차 놀이는 매트 위에서, 퍼즐 놀이는 테이블 위에서 해도 됩니다. 아이가 가장 잘 집중할 수 있는 놀이 공간을 찾아보세요. 온 집안을 모두 정리할 필요도 없습니다. 아이가 집중할 수 있는 작은 공간만 있다면 충분합니다. 처음에 조금 작은 공간에서 시작하면 아이가 더 쉽게 집중할 수 있습니다. 시간이 지나면 아이의 놀이에 따라 놀이 공간을 바꿔가도 됩니다.

아이가 엄마 아빠와 함께하는 놀이의 즐거움을 알게 되고, 집중을 잘하게 되면 나중에는 유혹이 좀 있는 환경에서 놀이해도 괜찮습니다. 어차피 아이가 살아갈 세상이 무균실은 아니니까요. 하지만 언제까지나 얼굴을 마주 보고 놀이해야 한다는 것은 잊지 마세요!

자폐 영유아와 함께 놀이하며 성장하기

신나게
놀이하기

아이와 놀이할 때 어떤 표정과 어떤 말투를 사용하시나요? 평소 다른 어른들과 이야기할 때와 같은 표정과 말투를 사용하시나요? 아니면 아이와 놀이할 때에만 나오는 특별한 표정과 말투가 있나요? 아이는 엄마 아빠가 어떻게 말할 때 더 관심을 보이나요? 다음 중 어떤 표정과 말투를 사용하면 아이가 더 놀이에 즐겁게 참여할 수 있을까요? 1번, 아나운서의 엄격 근엄 진지한 말투와 표정. 2번, 무표정한 얼굴과 힘없는 말투. 3번, 뽀뽀뽀 뽀미언니의 생기발랄 활기차면서도 귀에 쏙쏙 꽂히는 말투.

정답이 너무 쉽죠? 정답은 3번 뽀미언니입니다. 왜 영유아 프로그램의 진행자는 그렇게 생기발랄한 표정과 말투를 사용하는 걸까요? 옆에서 보기만 해도 생기가 넘치는 느낌이 들어서입니다. 상대방이 생기발랄하면 보는 사람도 덩달아 즐거워집니다. 어쩐지 더 재미있어 보이고 어쩐지 자신의 기분까지 좋아지는 느낌이 듭니다. 그래서 놀이 상호작용에 쉽게 빠져들 수 있습니다.

대체로 자폐 아이는 다른 사람과 함께하는 놀이에 관심을 덜 보입니다. 또래들은 배우지 않아도 눈맞춤이나 사회적 미소 등 다른 사람과 교류하려는 욕구와 기술을 본능적으로 어느 정도 보이고 끊임없는 상호작용 속에서 더욱 발달시켜 나갑니다. 그런데 자폐 아이는 다른 사람과 교류하는 기술이 부족할 뿐 아니라 (다른 사람이 일상적으로 하는) 눈맞춤이나 사회적 미소가 상호작용을 지속할 의지가 생길 만큼 크게 와닿지 않습니다. 그래서 자폐 아이는 놀이할 때 상대방을 잘 찾지 않는 경향이 있습니다.

하지만 아무런 지원 없이 그냥 두었을 때 함께 놀기 어려울 뿐, 제가 만난 모든 자폐 아이는 엄마 아빠와 즐겁게 놀이한 경험을 통해 함께 노는 즐거움을 알게 되면서 엄마 아빠와의 놀이 시간을 기다리고, 함께 놀이하게 되었습니다. 찰떡같이 자신을 알아주는 엄마 아빠와 놀아보면 정말 재밌고 속이 시원하거든요. 또 놀고 싶어집니다. 우리는 아이와 신나게 놀이함으로써 아이가 다른 사람과 함께 노는 것이 더 재밌다는 것을 알려주어야 합니다. 엄마 아빠와 함께 노는 것을 즐기는 아이가 나중에 친구와 함께 놀게 됩니다. 또 신나는 놀이 속에서 무엇이든 더 쉽게 배우게 됩니다.

생기 넘치는 놀이 시간 만들기

아이가 놀이에 잘 참여하게 하고 싶다면 놀이 시간을 언제나 긍정적이고 생기가 넘치는 시간으로 만들어주세요.

'아이와 놀이해 보세요'라고 제가 이야기하면 생기 없는 반응을 보이는 분들이 간혹 있습니다. 어차피 얘기해도 잘 못 알아듣고, 관심도 없는 것 같고, 긍정적인 피드백이 돌아오지 않으니 언젠가부터 더 노력하지 않게 되었다는 이야기도 종종 듣습니다. 충분히 그럴 수 있습니다. 처음부터 아이에게 심드렁한 엄마 아빠는 거의 없습니다. 하지만 시도할 때마다 반응이 없거나 뜨뜻미지근하면 점점 시도를 안 하게 되는 거죠. 손바닥도 마주쳐야 소리가 나는걸요. 그렇지만 지금은 아이와 함께 놀이하기 위해서는 텐션을 끌어 올려야 합니다. 엄마 아빠가 먼저 즐겁게 놀이하면 아이도 따라옵니다.

생기 넘치는 놀이 시간은 긍정적인 정서를 아이에게 전달하는 것을 말합니다. 아이의 놀이를 지지하는 눈빛, 아이의 일거수일투족에 관심을 쏟는 표정, 생기로운 표정과 말투는 아이가 엄마 아빠에게 관심을 기울이게 하고, 놀이에 더 즐겁게 참여하게 합니다.

재미있는 놀이 찾기

놀이의 제1원칙, 놀이는 재밌어야 합니다. 아이에게만요? 아니요. 엄마 아빠에게도요. 아이를 잘 키우자고 하는 놀이지만 그 시간이 엄마 아빠에게 고통의 시간이 되어서는 안 됩니다. 아이가 어떻게 놀이에 더 집중하고 참여할 수 있는지 알아보기 전에 우리는 엄마 아빠가 어떻게 놀이에 더 즐겁게 참여할 수 있는지 먼저 생각해볼 필요가 있습니다.

엄마는 또 아빠는 어떤 놀이를 좋아하나요? 저는 나가서 뛰어노는 것을 좋아합니다. 하루 종일 똑같은 주제의 역할놀이를 반복하는 것은 정말 괴롭습니다. 반대로 남편은 놀이터에 서 있는 것을 참 싫어하고 집에서 아이와 비행기 놀이를 즐깁니다. 제가 아이와 하루 종일 비행기 놀이를 하면 어떨까요? 남편이 놀이터로 쫓아 나가면 어떨까요? 괴롭습니다. 아이가 좋아하는 놀이와 엄마 아빠가 좋아하는 놀이가 꼭 맞는다면 금상첨화이지만 그렇지 않다면

자폐 영유아와 함께 놀이하며 성장하기

엄마 아빠가 그나마 즐길 수 있는 놀이를 선택해야 합니다. 어릴적 어떤 놀이를 좋아했는지 생각해 보세요. 지금 어떤 놀이를 해야 즐거울지 생각해 보세요. 엄마 아빠가 즐길 수 있는 놀이를 찾아야 아이와 더 즐겁게 놀 수 있습니다. 이제 놀이를 즐길 준비가 되었나요?

애정 어린 관찰자 되기

아이를 따뜻한 눈으로 바라보면 아이가 달라 보입니다. 놀이가 달리 보입니다. 아이의 놀이에서 의미를 발견하고, 아이가 놀이 속에서 스스로 배움을 얻는 순간을 발견하며 경탄하는 애정 어린 관찰자가 되어주세요. 가르쳐야 하는 대상으로 보는 대신 아이가 스스로 자란다는 것을 믿고 기대해주세요. 눈빛 하나, 손짓 하나, 말 한 마디 모두 아이가 자라는 순간입니다. 단순하고 재미없는 놀이처럼 보일지라도 아이는 그 속에서 자랍니다. 이런 렌즈로 아이의 놀이를 바라보면 자연스럽게 아이 쪽으로 몸이 기울어지고 눈이 반짝반짝해집니다. 저절로 미소가 지어집니다. 우리 아이들은 눈치가 좋습니다. 자신의 모습에 엄마 아빠가 얼마나 기뻐하는지 말하지 않아도 잘 압니다. 아이는 우리에게 경탄의 순간을 선사할 것입니다.

애정 어린 관찰 결과는 마음속에 혼자 간직하지 말고 아이에게 긍정적인 피드백으로 전해주세요. 아이가 크레파스로 점을 콕콕 찍었으면 '콕콕콕, 우와 빗방울이 떨어져!' '재밌다!' '아 이거 이렇게 하는 거야?' '엄마도 ○○이처럼 해볼까?' 눈빛으로, 미소로, 말로, 놀이를 따라 하는 것으로 아이에게 '너와 함께하는 이 순간이 정말 재미있다'는 것을 전해주세요.

놀이에 생기 불어넣기

같은 말이라도 표정, 목소리, 몸짓에 따라 전혀 다른 느낌이 됩니다. 놀이에 생기를 불어넣기 위해서는 일단 웃어야 합니다. 보일 듯 안 보일 듯 희미하게 말고 활짝 웃으세요. 눈치 없는 아이가 봐도 저 사람 웃고 있구나 하는 느낌이 팍! 들 정도로 웃으세요. 어색하게 입꼬리만 올리는 미소가 아니라 자연스러운 미소를 보여주세요. 목소리도 평소보다 조금 과장해서 높은 톤으로 이야기해보세요. 도레미파'솔' 톤으로 이야기하면 엄마 아빠의 말이 아이 귀에 쏙쏙 꽂힙니다. 아이에게 하는 말은 만연체보다는 아이가 알아들을 수 있을 만큼 짧고 간결하게 하는 것이 좋습니다. '빨간 자동차가 가고 있네. 저기 사람이 오고 있는데 우리 한번 태워줘 볼까. ○○아 자동차 문 열어주세요'처럼 말하기보다는 '자동차 붕붕' '사람 타' '문 열어' 등으로 나눠서 이야기하는 게 아이가 집중하기에 더 좋습니다. '그래쩌 저래쩌' 혀 짧은 소리는 안 해도 됩니다. 우리는 아이에게 정확한 말을 시범 보일 필요가 있거든요.

놀이에 생기를 불어넣기 위해 오버액션은 필수입니다. 퍼즐 한 조각을 맞춘 게 뭐 대순가, 이렇게 생각하며 '어 잘했어' 하고 다음 조각을 건네주면 재미가 없습니다. 아이가 퍼즐 한 조각을 맞췄어요. 그러면 자동으로 '꺄!'가 튀어나와야 합니다. 감탄사는 오버액션의 핵심입니다. 블록 하나를 쌓아도 '우와!' 책을 한 장 넘겨 곰돌이가 나와도 '이야, 곰돌이가 나왔네!' 소방차가 출동해도 '꺄 정말 고맙습니다!' 감탄하면 놀이에 생동감이 넘칩니다. 감탄을 할 때엔 당연히 목소리 톤도 올라가고, 목소리 크기도 커지고, 눈도 커지고, 몸짓도 커집니다. 진심을 다해 감탄하면 아이의 놀이가 더 즐거워집니다. 아이의 관심을 끌어올 때에도 감탄사는 중요한 역할을 합니다. '우와! 이거 봐!' 하고 놀이를 시작하면 아이가 더 쉽게 관심을 가질 수 있습니다.

강약 조절하기

놀이는 신나야 합니다. 하지만 우리가 아이와 함께해야 할 놀이는 음악이 빵빵하게 나오는 키즈카페에서 정신없이 뛰어노는 놀이가 아닙니다. 높은 흥분상태를 지속하는 것은 좋지 않습니다. 다들 경험해봤을 겁니다. 어쩐지 끝이 좋지 않습니다. 키즈카페는 어쩌다 가끔 한번 가는 특별한 곳으로 아껴두세요. 놀이의 기본 장소는 집, 놀이터, 공원 등 아이가 일상을 보내는 곳이어야 합니다. 집에서 엄마 아빠와 마주 보며 하는 즐거움이 잔잔하게 계속되는 놀이가 좋은 놀이입니다.

재미있는 놀이를 하다 보면 어느새 격한 흥분상태로 가버리는 경우가 종종 있습니다. 그럴 때 같이 격한 흥분상태로 가지 말고 적당히 안정적인 상태로 조절해 줄 필요가 있습니다. 그럴 땐 반대로 목소리를 낮추고, 속도를 늦추고, 몸의 움직임을 줄여주세요. 좀 더 잔잔한 놀이로 이끌어주세요. 아이가 적절한 각성상태를 유지할 때 아이는 함께하는 놀이에 더 잘 참여할 수 있고 더 오래 놀이할 수 있습니다.

자폐 영유아와 함께 놀이하며 성장하기

아이의 주도
따르기

　나현이 엄마 아빠는 '나현이가 아빠랑은 재미있게 놀고 시키는 것도 잘 하는데 엄마랑 놀자고 하면 도망간다'는 고민을 가지고 저를 찾아왔습니다. 두 분을 만나 보니 나현이 엄마 아빠 모두 외동딸인 나현이에 대해 아주 잘 알고 있었고, 나현이의 발달을 돕기 위해 여러 가지 노력을 아끼지 않는 분들이었습니다. 배고플 때, 슬플 때, 졸릴 때 엄마에게 안기면서도 놀 때만큼은 아빠를 찾는 나현이, 나현이 가족의 놀이 시간에는 어떤 비밀이 숨겨져 있을까요? 엄마와의 놀이와 아빠와의 놀이를 관찰해 보았습니다.

　엄마와의 놀이 장면을 살펴봅니다.

엄마는 오늘 나현이와 놀이를 하기 위해 페그보드를 준비했습니다. 작업치료 선생님께서 끼우고 빼는 소근육 운동 연습을 위해 페그보드를 추천해주셨다고 했습니다. "나현아, 이거 끼워 줘" 나현이는 다가와서 엄마가 건네주는 페그 조각을 판에 꽂습니다. "옳지, 빨강. 잘했어" "이번에 또 빨강 어디 있나?" 엄마의 물음에 나현이는 파란색 페그 조각을 집습니다. "아니지. 이거랑 똑같은 거 어디 있어?" 엄마는 나현이가 판에 꽂은 빨강 조각을 가리킵니다. 나현이는 쓱 눈치를 보고 빨강 조각을 집습니다. "맞았어. 여기에 끼워줘" 엄마가 가리킨 빈 자리에 페그 조각을 꽂은 나현이는 저만치 달아나 버립니다. "나현아, 이리와 봐. 이거 마저 해야지. 선생님께 나현이 잘하는 거 보여드려야지" 엄마가 불러도 나현이는 돌아오지 않습니다. "나현아, 젤리 먹을까?" 젤리 소리에 쪼르르 쫓아온 나현이, 엄마는 나현이 입에 젤리를 쏙 넣어주고는 다시 페그 끼우기를 시작합니다. 나현이는 두어 개 더 끼우더니 다시 도망가고 맙니다.

아빠와의 놀이 장면은 어땠을까요?

아빠는 "우리 나현이 오늘 뭐 할까?"라며 나현이의 손을 잡고 방에 들어옵니다. 나현이는 트램폴린 위에 올라가 콩콩 뛰더니 방안을 한 바퀴 빙글 돕니다. 나현이가 구석에 있던 색종이 조각을

자폐 영유아와 함께 놀이하며 성장하기

담아둔 비닐 봉투를 발견합니다. 아빠의 손을 끌어당겨 봉투를 쥐어주는 걸 보니 열어달란 이야기인가 봅니다. "나현이 색종이 놀이 하고 싶구나?" 아빠는 봉투를 열어줍니다. 나현이는 봉투에서 색종이 조각을 꺼내 머리 위로 뿌립니다. "이야!" 나현이가 신나서 소리 지릅니다. "이야!" 아빠도 같이 나현이 머리 위로 뿌려줍니다. "이야!!" 나현이가 더 크게 소리칩니다. "이야!! 색종이 눈 내린다!!" 아빠도 나현이처럼 크게 소리칩니다. 나현이가 색종이 조각을 뿌리고 있을 때 아빠는 나현이에게 색종이를 쭈욱 찢는 것을 보여줍니다. 나현이가 손을 내밀자 아빠가 "여기 있어" 하고 색종이를 건네줍니다. 나현이도 아빠처럼 색종이를 찢어보려 하는데 잘 안 되네요. 나현이가 다시 아빠에게 색종이를 내밀자 아빠는 "안돼?" 하고 색종이를 받아 꼭대기를 살짝 찢어서 다시 건네줍니다. "자, 아빠가 여기 잡아줄게. 나현이가 찢어" 찌이익- 색종이 반으로 찢기 성공! "이야!" 나현이는 찢어진 색종이를 위로 힘껏 던집니다.

나현이 엄마와 아빠는 모두 나현이의 발달 수준에 맞는 놀이를 했습니다. 아직 복잡한 놀이 기술이 없는 나현이에게 끼우기, 빼기, 찢기, 던지기 등 간단한 조작 놀이는 적절한 놀이입니다. 엄마 아빠는 나현이에게 페그 조각 끼우기, 같은 색깔 찾기, 색종이 찢기 등 다양한 놀이를 할 수 있는 기회를 주었고, 나현이가 잘 해냈습니다. 그런데 나현이는 왜 아빠와의 놀이를 더 좋아하는 걸까요? 엄마와 아빠의 놀이 중에 어떤 것이 나현이의 진짜 놀이였을까요?

진짜 놀이는 아이의 동기에 따라, 스스로 선택해서, 적극적으로 참여하는 것입니다. 우리 아이가 아직 놀이다운 놀이를 하는 것 같지 않고 내가 뭔가 가르쳐줘야 하는 건 아닐까? 하는 마음에 부모가 주도적으로 놀이를 이끄는 경우가 많습니다. 하지만 아이는 자신이 먼저 시작하고 자신이 원하는 것을 할 때 더 재미있게 놀이할 수 있습니다. 어른도 마찬가지이지요. 아무리 남들이 재미있다고 하는 게임도 내가 관심이 없으면 재미가 없잖아요. 아이들은 자신이 선택한 놀이를 할 때 더 쉽게 놀이에 참여할 수 있고, 한 번에 잘 해내지 못하더라도 덜 좌절하고 한 번 더 도전할 수 있습니다.

자폐 유아의 언어 발달과 엄마의 대화와의 관계를 분석한 오래된 연구[12]에 따르면 아이가 관심을 보이는 것에 대해 엄마가 이야기할 때 아이는 좀 더 쉽게 말을 배운다고 합니다. 아이가 어디에 관심을 보이는지 따라가다 보면 엄마 아빠는 아이의 의도를 쉽게 파악할 수 있고 아이가 놀이하고 의사소통하는 방법을 이해할 수 있게 됩니다.

자폐 영유아와 함께 놀이하며 성장하기

아이의 주도 따르기

♥

아이의 주도 따르기는 아이가 주도적으로 놀이하고 부모는 아이를 따르는 것입니다. 아이는 어떤 놀잇감을 가지고 어떻게 놀이할 것인지 자신의 의지대로 놀이합니다. 엄마 아빠는 아이가 하는 대로 따라가면서 놀이하면 됩니다. 아이의 주도를 따르면 아이는 더 재미있고, 함께 놀이하는 시간이 더 길어집니다. 아이가 놀이할 줄 모른다고요? 괜찮습니다. 아이가 어디에 관심을 보이는지 찾는 것에서부터 시작해도 됩니다. 아이가 배워야 할 것들이 얼마나 많은데 아이가 하는 대로만 하면 그 많은 것들은 언제 배우냐고요? 아이가 주도하는 놀이 안에서도 충분히 배움의 기회를 만들 수 있습니다. 오히려 더 많은 것들을 즐겁게 배울 수 있습니다. 그 내용은 앞으로 차근차근 다뤄보기로 하겠습니다. 일단은 아이의 주도를 따라가 보도록 합시다.

누나! 같이 놀자!!

아이의 주도 따르기에 앞서, 놀이에 임하는 비장한 각오가 필요합니다. 지금까지 부모가 무언가를 알려주고 아이가 배우는 것이 대부분이었던 가정이라면, 혹은 놀아주기 힘들고 지겨운 가정이라면, 더더욱 새로운 마음가짐이 필요합니다. 이른바 '누나! 같이 놀자!'의 마음입니다.

저희 아이들은 두 돌 터울의 남매입니다. 큰 아이가 42개월, 작은 아이가 16개월 무렵 두 아이가 하는 놀이에서 '누나 주도의 놀이'가 무엇인지 아주 잘 보여주었습니다. 매일 아침 눈을 뜨자마자 동생은 누나 곁을 기웃거립니다. 동생의 눈에 누나는 놀이 천재거든요. 하루 종일 재미있는 놀이를 합니다. 누나가 소꿉놀이에 가면 동생은 쪼르르 쫓아와 소꿉놀이를 기웃거립니다. 누나가 냄비에 채소를 담으면 동생도 냄비에 채소를 담습니다. 누나가 '손님, 피자 나왔습니다' 이야기 하면 동생이 얌얌 먹는 시늉을 합니다. 누나가 소꿉놀이를 하다 말고 퍼즐을 꺼내면 동생도 쫓아갑니다. 거긴 뭐 더 재밌는 게 있나 하고요. 옆에서 열심히 구경을 합니다. 동생이 가장 행복한 순간은 "서준아, 이리 와봐!"라고 누나가 불러주는 순간입니다. 세상에서 가장 즐거운 놀이가 펼쳐지거든요. 누나와 동생의 놀이는 늘 누나가 주도합니다. 동생이 누나의 놀이를 판단할까요? '이 누나가 블록 놀이를 할 줄 모르네. 내가 알려줘야겠네' 이런 생각을 할까요? 아니요. 블록을 끼우면서 '이건 빨간색이지. 파란색은 어디 있어?' 혹은 '이거 몇 개야?' 이런 걸 물어볼까요? 그럴 리가 없습니다. 동생은 그저 누나의 놀이를 졸졸 따라가기만

자폐 영유아와 함께 놀이하며 성장하기

합니다. 매 순간 '우와, 누나는 이런 것도 아는구나' 하고 감탄하죠. "서준아, 저것 좀 줘" 하면 후다닥 눈치껏 집어서 대령합니다. 눈빛을 반짝이며 이번에는 누나가 또 무슨 재밌는 놀이를 할까 기대합니다.

우리가 놀이에 임할 때 필요한 마음가짐은 바로 이것입니다. '우리 아이가 지금 세상에서 제일 재미있는 놀이를 하네? 지금부터 어떤 일이 펼쳐질까?'

아이 주도 놀이를 따라갈 마음의 준비가 되었나요? 그런데 여기에도 전략이 필요합니다. 아이의 주도를 따르는 전략은 크게 세 가지로 구성됩니다.

① 함께 집중하기
② 의도 읽어주기
③ 기다리기와 돕기

함께 집중하기

함께 집중하기는 아이가 관심을 보이는 것에 엄마 아빠가 따라

가는 것입니다. 나현이 아빠는 나현이에게 먼저 놀이를 제안하기보다 나현이가 하고 싶은 것을 찾아가도록 관심을 가지고 지켜보았습니다. 나현이가 좋아하는 것을 찾은 뒤에는 나현이와 신나게 놀이했습니다. 어떻게 하면 아이의 놀이에 함께 집중할 수 있을까요?

아이의 관심이 어디에 있는지 확인해보세요

아이는 지금 어디를 보고 있을까요? 어디에 흥미가 있을까요? 무엇을 하고 싶어 하는 걸까요? 아이가 주의를 기울이는 소리, 사물, 사람, 활동 모두 아이가 흥미를 보이는 것입니다. 혹시 놀이 방법이 일반적이지 않더라도 아이가 놀이 방법을 결정하도록 해주세요. 선생님, 우리 아이는 하루 종일 숫자만 얘기해요. 네 괜찮습니다. 아이가 관심을 보이는 것이 무엇이든 상관없습니다. 아주 위험한 것만 아니라면요. 선생님, 저는 아이가 무엇이든 줄 세우는 것이 꼴도 보기 싫은데 그걸 좋아하는 것으로 인정해야 하나요? 네. 일단은 있는 그대로 인정해주세요. 하지만! TV를 좋아한다고 해서 하루 종일 TV를 같이 보라는 이야기는 절대 아닙니다. 아이의 관심사에 집중하는 것은 함께 즐겁게 놀기 위한 첫 단추라는 것, 잊지 마세요!

자폐 영유아와 함께 놀이하며 성장하기

아이의 관심이 어디 있는지 알기 위해서는 아이가 주의를 기울이는 것으로 보이는 미묘한 단서에 민감하게 반응해야 합니다. 아이가 자동차를 가지고 노는 것을 즐긴다면 자동차로 무엇을 하는 것을 좋아하는지 유심히 살펴보세요. 바퀴를 굴리는 것을 좋아하는 아이도 있고, 줄 세우기를 좋아하는 아이도 있습니다. 자동차 버튼을 눌러서 노래 듣는 것을 좋아하는 아이도 있습니다. 우리 아이가 어떤 놀잇감이나 놀이를 좋아한다면 어떤 매력이 우리 아이를 사로잡았는지 확인해보세요.

아이가 좋아할 만한 놀이를 찾아주세요

때로는 어디에도 관심이 없는 것 같은 아이도 있습니다. 하지만 잘 살펴보면 커튼 사이로 비치는 햇빛에 심취해 있을 수도 있고, 높은 곳에서 뛰어내리는 스릴을 즐기고 있을 수도 있습니다. 하루 종일 가만히 누워만 있는 아이도 어떤 순간에는 눈빛이 반짝 합니다. 아이를 세심하게 살피다 보면 아이가 어떤 것을 좋아하는지, 어떤 것에 관심을 보이는지 알 수 있습니다.

어떤 아이는 아직 놀잇감을 가지고 하는 놀이보다 몸놀이를 더 좋아할 수도 있습니다. 그럴 때면 잡기놀이, 높이 올려주기, 말타기, 비행기 타기 등을 해보세요. 이러한 몸놀이는 아이들이 좋아하는 감각을 자극하기도 하고, 스킨십을 통해 애정을 표현하기에도 아주 좋습니다.

또 어떤 아이는 좁은 공간에 들어간다거나 손가락을 눈 앞에서 펄럭이는 등 감각을 추구하기도 합니다. 무조건 못 하게 하는 게 아니라 이런 특성을 놀이에 활용할 수도 있습니다. 좁은 공간에 들어가는 아이는 약간의 압박에서 안정을 느낍니다. 이불을 활용해서 김밥말이를 하면 놀이 안에서도 충분히 감각을 경험할 수 있습니다. 빛을 좋아하는 아이와는 어두운 방에서 손전등 놀이를 해보세요. 빙글빙글 도는 것을 좋아하는 아이는 엄마 아빠의 회전 의자에 앉혀서 돌려줄 수도 있습니다. 아이는 즐거운 경험을 통해 놀이에 더 관심을 갖게 됩니다.

어떤 놀이든 아이가 좋아하는 놀이라면 다 괜찮습니다만 위험한 놀이, 다른 사람을 불편하게 하는 놀이는 해서는 안 됩니다. 아이가 위험한 행동을 한다면 그것은 안 된다고 단호하게 말해주세요. 가능하다면 아이가 원하는 것, 혹은 좋아하는 다른 놀이로 연결해주세요. 만약 아이가 놀잇감을 자꾸 던진다면 아무거나 던지는 대신 안전한 곳에서 공놀이를 할 수 있도록 해주세요. 높은 곳에서 뛰어내리는 것을 좋아하는 아이는 안전한 놀이터에서 맘껏 뛰게 해주세요. 무엇보다도 혼자하는 놀이보다는 함께할 수 있는

　　　　　자폐 영유아와 함께 놀이하며 성장하기

놀이를 찾아주세요. 사운드북만 있으면 혼자 하루 종일이라도 놀 수 있는 아이에게 사운드북을 쥐어주면 안 됩니다. 그건 혼자 노는 시간에 가지고 놀 수 있게 해주세요.

아이가 놀잇감을 선택하고 활동을 주도하게 해주세요

아이가 좋아할 만한 놀잇감을 두어 가지 준비해 주세요. 그리고 아이와 눈을 맞추고 기대하는 눈빛을 보내며 아이가 먼저 놀잇감을 선택하고 활동을 시작할 수 있도록 기다려주세요. 아이가 놀이를 시작했나요? 그럼 자연스럽게 아이의 놀이에 참여해 보세요. 어떤 놀이도 놀이 방법에 '정석'은 없습니다. 아이가 놀이하는 대로 따라가는 것만으로도 충분하고 훌륭한 놀이가 됩니다. 아이가 색종이 놀이를 한다면 아이만 혼자 놀이하고 엄마 아빠는 옆에서 지켜보는 것이 아니라 엄마 아빠도 함께 색종이 놀이를 하세요. 아이가 자동차를 굴리면 엄마 아빠도 옆에서 자동차를 굴려보세요. 아이가 놀이하다가 다른 곳으로 가면 곧바로 따라가야 하는 것은 아니지만 그럴 때에도 아이가 무엇을 하는지 유심히 지켜보세요. 아이가 다른 놀이를 시작하면 지금의 놀이를 중단하고 아이와 함께 놀이하세요. 아이가 특별히 어떤 놀이에 집중하지 못하고 돌아다니기만 한다고 해도 처음엔 괜찮습니다. 이거 잠깐, 저거 잠깐 아이가 하는 대로 쫓아다녀 보세요. 아이가 놀이하는 것을 따라가다 보면 처음에는 답답한 마음이 들지도 모릅니다. 그럴 때 다시 비장한 각오를 다지면 됩니다. 나는 이 아이의 동생이다, 이 아이의 놀이보다 더 재미있는 것은 없다, 이 속에서 재미를 찾자! 이렇게요.

아이의 놀이에 민감하게 반응해 주세요

아이가 갖고 노는 놀잇감에 관심이 있다는 의미로 옆에 앉아 호기심 어린 눈으로 쳐다보세요. 아이가 자동차를 굴리면 '부릉부릉' 소리도 같이 내주고 클레이로 모양을 찍었다면 '반짝반짝 별이다!' 하고 이야기해 주세요. '내가 너의 놀이에 엄청 관심이 있어'라는 것을 어필하는 겁니다. 아이는 은연중에 누군가와 '같이' 놀이한다는 것을 알게 됩니다. 아이가 좋아하는 놀이를 계속할 수 있도록 옆에서 함께해 주세요. 떨어진 장난감을 줍고, 아이가 원하는 것을 아이에게 좀 더 가까이 놓아주세요. 블록을 쌓고 있다면 다음에 쌓을 블록을 아이에게 건네주세요. '어? 엄마 아빠가 찰떡같이 도와주네?' 하는 느낌이 들도록 아이의 놀이를 함께해 주세요. 무엇이든 미리 착착착 다 해주라는 이야기는 아닙니다. 엄마 아빠가 아이의 놀이에 민감하게 반응하면 아이는 어쩐지 혼자 놀 때보다 엄마 아빠랑 놀이할 때 더 재미있는 것 같네?'라고 생각하게 됩니다.

함께 즐겁게 놀이해 주세요

아이의 주도를 따르세요, 라고 이야기를 하면 묵언수행을 하는 분들이 있습니다. 평소 놀이하던 방법과 조금 다르다 보니 어찌할 줄을 모르고 가만히 아이가 놀이하는 것을 지켜봅니다. 하지만 아이의 주도 따르기는 아무것도 안 하고 지켜보는 것이 아니라 함께! 즐겁게! 놀이하는 것입니다. 아이가 놀이하는 것을 보면서 속으로만 '재밌네'라고 생각하면 아이가 '아, 우리 엄마 아빠가 나랑 즐겁게 놀고 있구나'라고 알아챌 수 있을까요? 우리 아이들에게 자기 옆에 있는 누군가의 마음을 알아차리는 일은 정말 어려운 일입니다. 그렇기 때문에 즐거움을 좀 과하게 표현해야 아이들이 '엄마 아빠가 지금 나랑 되게 재밌게 놀이하고 있다'는 것을 알아차릴 수 있습니다. 부모가 먼저 시작하는 놀이는 아니더라도 아이가 놀이할 때 일단 '우와! 재밌다' '우와! 그랬구나' 이렇게 톤을 좀 높이고 격하게 즐거워해야 엄마 아빠도 자신의 놀이에 관심이 있고, 자기와 함께 놀이하고 있다는 것을 알 수 있습니다. 아이가 주도하는 놀이에 함께하는 것이 정말 즐겁다는 것을 아이가 느낄 수 있게 해주세요.

아이의 주도 따르기: ① 함께 집중하기

do	don't
• 아이의 관심 따라가기	• 아이의 선택에 대해 판단하기
• 아이가 스스로 선택할 기회주기	(그렇게 하는 거 아니야, 안돼!)
• 아이와 얼굴을 마주 보고 눈맞추기	• 놀이 방법 알려주기
• 아이의 놀이에 호기심 표현하기	• 건성으로 반응하기
• 아이의 놀이를 소극적으로 돕기	• 아이의 놀이에 적극적으로 개입하기
• 아이 옆에서 함께 놀이하기	

행동 읽어주기

행동 읽어주기는 앞에서 다뤘던 찰떡 엄마 아빠 되기의 실전편입니다. "You mean~" 기억하시죠? 나현이가 색종이 봉투를 가져오는 순간 "나현이 색종이 놀이 하고 싶구나?" 하면서 봉투를 열어주는 것이 바로 나현이의 마음을 찰떡같이 읽어주는 것입니다. 어떻게 하면 아이의 행동을 읽어줄 수 있을까요?

아이가 온몸으로 하는 말에 귀 기울여주세요

아이가 하고 싶은 말은 무엇일까요? 아이는 지금도 말하고 있습니다. 아이가 자신의 의사를 멋지게 표현할 수 있었다면, 이때

자폐 영유아와 함께 놀이하며 성장하기

무슨 말을 하고 싶었을까요? 만약 나현이가 말을 잘하는 아이였다면, 색종이 봉투를 가져오면서 "색종이 뿌리기 놀이할 거야. 아빠 뿌려줘"라고 했을 것입니다. 나현이의 "이야!" 짧은 감탄사 안에는 '우와 색종이 눈 내리기 정말 재밌다' '신난다'는 말이 들어있습니다. 아이의 몸짓 하나, 손짓 하나, 눈빛 하나에서 아이가 하고 싶은 말을 발견해 보세요.

꼭 말을 전혀 못하는 아이에게만 해당되는 것이 아닙니다. 말을 잘하는 아이라도 자신의 의도를 정확하게 전달하는 데 어려움을 겪고 있을지도 모릅니다. 아이가 손을 끌고 가면서 "이거"라고 하면 '이거 꺼내줘' 혹은 '이거 해줘' 등의 의미가 있겠죠? 그럴 때 "아, 이거 꺼내줘?"라고 찰떡같이 읽어주면 됩니다. 도형끼우기를 하면서 '이거 안 돼'라고 말하는 아이에게는 "이거 잘 안 돼? 도와 줘?"라고 읽어주면 됩니다. "도와주세요 해야지"처럼 아이가 말해야 할 '정답'을 알려줄 필요는 없습니다. 아이가 이미 한 말(이거 안돼)을 잘 받아주고, 이때 '세련된 의사표현을 한다면 아이의 수준에서 뭐라고 했을까?'에 맞는 말(도와줘)을 붙여주기만 하면 됩니다. 때로는 어른도 세련되고 정확한 의사표현을 잘 하지 못할 때가 있습니다. '엄마 미워!'가 진짜 엄마가 너무 밉다는 얘기가 아니듯, 아이가 지금 하는 말에 담긴 의도를 읽어주세요. 아이는 자연스럽게 자신의 의사를 어떻게 표현할 수 있는지 알게 됩니다.

맥락 속에서 찰떡을 발견해 주세요

때로는 아이가 하고 싶은 말이 도대체 뭔지 모르겠을 때가 있습니다. 그림책을 보던 아이가 강아지 그림을 가리키며 '멍멍'을 반복합니다. 뭔가 하고 싶은 말이 있는 것 같긴 한데, "어 멍멍이 여기 있네"라고 말하니 답답한 표정을 지으며 '멍멍'만 반복합니다. 이럴 땐 아이가 무슨 말이 하고 싶은지 살펴봐야 합니다. 그림책을 보니 강아지가 물에 빠졌네요. "멍멍이가 물에 빠졌어?" 아이의 입가에 미소가 번집니다. 찰떡 성공! 아이의 의도를 찾아가는 것은 스무고개입니다. 아이가 무엇을 하고 있었는지, 어떤 것에 관심이 있었는지, 혹은 지금 도움이 필요한 것이 있는지, 자랑하고 싶은 것이 있는지 맥락 속에서 꼼꼼히 살펴봐 주세요. 수많은 콩떡과 꿀떡 속에서 찰떡을 찾아내는 희열을 느껴보세요.

무의미한 소리나 몸짓도 의미 있는 것으로 여기고 반응해 주세요

아이의 행동이 아무 의미 없어 보이나요? 소통하고 싶은 마음이 없어 보이나요? 괜찮습니다. 이제부터 아이의 행동에 의미를 부여해주면 됩니다. 아이의 소리나 몸짓을 의미 있는 것처럼 반응해

자폐 영유아와 함께 놀이하며 성장하기

주세요. 아이가 폴짝폴짝 제자리 뛰기를 하면 '와! 재밌다' 하면서 따라 뛰어보세요. 아이가 '이이' 소리를 내면 옆에 있는 아이가 좋아하는 놀잇감을 "이거 하고 싶다고?" 하면서 쓱 건네주세요. 아이를 높이높이 안아 올려주고 내려놓은 다음에 눈이 마주치면 웃으면서 "또?"라고 말하며 다시 높이높이 안아 올려주세요. 어느 순간 아이는 '어? 내가 뭘(소리/몸짓/행동) 하면 엄마 아빠가 반응을 하네?'라는 것을 인식하게 됩니다. 자신의 행동이 누군가에게 닿아 영향을 미친다는 것을 알게 되는 것이 의사소통의 첫 단계입니다.

거절도 쿨하게 인정해 주세요

모든 아이는 하루에도 여러 번 거절의 의미로 많은 표현을 합니다. 고개를 돌리거나, 손으로 밀어낸다거나, 자리를 뜨거나, '으으응' 혹은 '아니'라고 말하거나, 그것도 저것도 다 아니면 소리를 지르고 울기도 합니다. 그런데 많은 부모님이 아이의 거절을 살짝 모른척 합니다. 이유는 다양합니다. '아니' 혹은 '싫어'라고 제대로 말하지 않았으니까, 싫어도 해야 하는 것이니까, 싫다는 표현을 인정해 주다가 다 싫다고 하면 어떡하나 등등의 걱정 때문에. 물론 살면서 아이가 하기 싫은 것을 다 안 하고 살 수는 없습니다. 하지만 거절을 존중하는 것과 거절을 받아들여 주는 것은 다른 이야기입니다. no!라는 아이의 의사표현은 언제나 존중받아야 합니다. 게다가 놀이 시간에는 더더욱 그래야 합니다. 놀이 시간에는 아이가 마음대로 할 수 있게 해주세요. 싫다고 하면 '싫구나, 그럼 다른거 하자' 하고 넘어가면 됩니다. 거절을 받아주는 것만큼 확실한 의도 읽어주기는 없습니다. 아이의 모든 표현이 존중받을 때 아이는 엄마 아빠를 괜찮은 놀이 상대로 인정하게 됩니다.

아이 주도의 놀이를 하려고 하다 보면 아이에게 거절당하는 때가 생각보다 자주 옵니다. 혼자 심취해서 하는 줄세우기 놀이를 엄마랑 같이 하자고 하면 아이들이 거절합니다. 손 치우라고 하고 화내고 줄세운 거 던져 버립니다. 퍼즐놀이 같이 해보려 했는데 손도 못 대게 합니다. 이럴 때는 일단 후퇴해야 합니다. '같이 하는 것 싫구나' 인정해주세요. 그렇지만 '알았어 네가 싫다고 하니 그럼 난 안 할게' 하고 지켜볼 수만은 없습니다. 퍼즐 판에 같이 맞추는 대신 퍼즐 조각을 하나씩 건네주세요. 아이가 자동차를 건드리지도 못하게 하면 옆에서 비슷한 기차놀이를 해보세요. 아이의 의견을 존중하면서도 함께 놀이할 수 있습니다.

아이가 이해할 수 있게 표현해 주세요
행동을 읽어주는 것은 '내가 네 마음 알아'라고 말하는 것입니

자폐 영유아와 함께 놀이하며 성장하기

다. 네 마음을 안다고 말하면서 아이가 알아듣지도 못하게 해서는 안되겠지요? 아이가 이해할 수 있을 만큼, 가능하다면 따라 할 수도 있을 만큼 쉽게 말해주세요. 그러려면 우선 아이의 수준에 맞는 간단하고 짧은 단어나 문장으로 아이의 의도를 읽어주어야 합니다. 아직 말 한 마디도 못하는 아이에게 "네가 도형 끼우기에 도형 조각을 넣으려고 했는데 그게 네 마음과 다르게 잘 들어가지 않았구나. 그래서 네가 많이 속상했겠구나"라고 말하면 알아들을 수가 없습니다. "안 돼. 속상해"라고 말해줘야 아이에게 닿습니다. 색종이가 갖고 싶어 손을 내민 나현이에게는 "줘"라고 말하면 됩니다. 그뿐만 아니라 말투와 표정도 말의 내용과 맞아야 합니다. 아이가 "이야!" 하고 신나서 소리를 내는데 다 죽어가는 목소리로 "이야 신난다" 하면 엄마 아빠가 지금 자기 마음을 잘 알고 있다는 느낌이 들지 않겠죠. 아이가 화가 났는데 방긋방긋 웃으면서 "속상했구나"라고 말하면 아이는 속상하다는 감정을 잘 이해할 수 없습니다.

아이의 놀이를 읽어주세요

아이가 하고 있는 놀이도 읽어주세요. 여기서 잠깐! 그러나 의미없는 중계방송은 삼가주세요. 블록을 쌓을 때 블록 색깔만 말해주는 엄마 아빠가 있습니다. 빨간색, 노란색, 파란색… 지금은 색깔 공부 시간이 아닙니다. 아이의 놀이에 의미 있는 부분을 읽어주세요. 아이가 뽀로로 피규어를 줄세우고 있을 때 '서윤이가 뽀로로를 집었네. 서윤이가 뽀로로를 내려놨네. 서윤이가 루피를 집었네. 서윤이가……' 이런 식으로 영혼 없고 의미 없는 중계방송은 영어 라디오 방송을 틀어놓는 것과 다를 바가 없습니다. 배경으로 깔아둔 영어 라디오는 우리의 영어 실력 향상에 전혀 도움이 되지 않습니다. 또래 아이들, 혹은 아이보다 언어 수준이 조금 높은 아이들이 이 놀이를 한다면 어떤 말을 할까? 생각해 보고 "우와!" "또(쌓았다)" "높다" "하나 더 올렸네" "무너질 것 같아" "우와! 뽀로로다" "뽀로로 안녕!" "에디도 왔네!" 이런 식으로 의미 있는 상황을 읽어주는 것이 좋습니다.

아이의 주도 따르기: ② 행동 읽어주기

do	don't
• 아이의 눈빛이 향하는 곳을 파악하기	• 아이가 이해할 수 없도록 복잡하게 말하기
• 아이의 행동을 말로 표현하기	• 아이가 따라 할 수 없도록 어렵게 말하기
• 무의미한 소리에 의미 부여하기	• 행동보다 앞서 지시하기
• 아이의 수준에 적절한 표현하기	• 매번 다양한 표현 사용하기
• 의성어, 의태어 사용하기	• 쉬지 않고 말하기
• 반복해서 말하기	

자폐 영유아와 함께 놀이하며 성장하기

기다리기와 돕기

준호는 엄마와 레고 블록으로 주차장 차단기 놀이를 합니다. 차단기 놀이는 준호가 제일 좋아하는 놀이이고, 아주 익숙한 놀이입니다. 준호가 차단기를 올려주면 엄마는 자동차를 몰고 지나가고 준호는 차단기를 내립니다. 다시 엄마의 자동차가 돌아오면 준호가 차단기를 올려주고 내리기를 반복합니다. 준호 엄마는 차단기 앞에 차를 멈출 때마다 늘 '차단기 올려주세요'라고 이야기합니다. 어느날 차단기 블록이 똑 떨어졌습니다. 떨어지자마자 준호 엄마는 "어? 차단기가 떨어졌네. 준호야 어떻게 하지? 위에 끼워주세요"라고 이야기합니다. 이렇게 준호가 엄마와 함께하는 이 차단기 놀이는 과연 준호 주도의 놀이일까요?

아이의 주도를 따른다는 것은 아이의 의도대로 놀이하고 엄마 아빠는 아이를 따라가는 것을 말합니다. 준호의 차단기 놀이는 준호가 좋아하는 놀잇감을 가지고 놀이를 시작했지만 엄마가 한 발 앞서서 놀이 상황을 이끌어 나갔습니다. 진정한 준호 주도의 놀이는 아니었던 겁니다. 여기서 다시 동생의 마음가짐이 필요합니다. 아이가 주도하도록 기다려주세요. 하지만 함께 재미있게 놀기 위해서는 무작정 기다리기만 해서는 안 되고, 엄마 아빠가 놀이 파트

너라는 것을 어필할 필요가 있습니다. 어떻게 하면 기다리기와 돕기를 통해 아이의 주도를 따르며 놀이할 수 있을까요?

지시와 질문을 줄이세요

많은 부모님이 이 전략을 정말 어려워합니다. '생각해 보니 나의 모든 말이 지시와 질문이었다'라고 하는 분도 많았습니다. 그분들도 다 이유가 있습니다. 아이에게 적절한 놀이 어휘를 알려주고 싶어서, 아이가 말을 잘 못하니 자신이 오디오를 채워야 한다는 부담에, 아이가 놀이 방법을 잘 모를까봐, 많이 들려줘야 말이 는다고 해서 등등, 이유는 많습니다. 하지만 아이가 스스로, 주도적으로 놀이할 수 있게 된다면 아이들은 말을 더 잘 배울 수 있고, 놀이도 더 즐겁게 할 수 있습니다. 그뿐만 아니라 아이가 표현하도록 기다려야 아이가 무엇을 할 수 있는지, 어떤 식으로 의사소통하는지 알 수 있습니다.

아이가 주도하게 하려면 일단은 부모의 지시와 질문을 줄이고 아이가 무언가 할 때까지 가만히 애정 어린 눈빛만 발사하면 됩니다. 아이를 향해 몸을 기울이고 아이를 바라보세요. 그리고 아이가 무언가 행동할 때까지 기다리세요. '나는 너의 주도를 따를 준비가 되어 있어'를 온몸으로 이야기하는 것입니다. 엄마 아빠가 기다

자폐 영유아와 함께 놀이하며 성장하기

리면 아이는 의사소통을 시작하거나 이미 발생한 상황에 대해 반응할 기회가 생깁니다. 아이가 행동을 하면 그때 움직이면 됩니다. 준호의 차단기 앞에 자동차가 끽 멈췄습니다. 엄마는 아무 말도 안 합니다. 준호가 스스로 차단기를 올려주면 '차단기 올라갑니다. 고맙습니다' 하고 지나가면 됩니다. 차단기 블록이 뚝 떨어졌습니다. 엄마가 지시하거나 질문하지 않아도, 준호가 도와달라고 하거나 혼자 끼우려고 시도할 것입니다. 그럼 아무 말도 안 해야 하나요? 그건 아닙니다. 지시와 질문을 줄인 빈 자리엔 놀이에 대해 이야기하고 의도를 읽어주세요.

손과 엉덩이를 무겁게 하세요

NDBI 교육에 참여한 부모님이 가장 도움이 되었다고 꼽는 전략이 아이의 주도 따르기이지만 제일 놀이에 적용하기 힘들었던 전략도 아이의 주도 따르기라고 합니다. 특히 기다리기 전략이 제일 힘들었다고 했습니다. 도대체 왜 이렇게 기다리기를 힘들어 할까 고민하고 연구하다 우리나라 엄마 아빠들의 특징이라는 것을 알게 되었습니다. 한국과 다른 나라 엄마의 애착을 비교한 연구[13]에 따르면, 한국 엄마는 자녀와 놀이할 때 미국이나 세계의 평균적인 엄마에 비해 자녀와 아주 가까운 거리에 위치하고, 분리 실험 뒤에도 곧바로 자녀의 옆으로 다가가며, 자녀가 스스로 무언가를 탐색하도록 충분히 시간을 두기보다는 자녀가 좌절하지 않도록 미리 도와주는 경향이 있다고 합니다. 한국과 미국의 부모-자녀 놀이 상호작용을 비교한 또 다른 연구[14]에 따르면, 한국의 엄마는 놀잇감을 활용한 놀이에서 적극적으로 자녀와 사회적 상호작용을 주고받으며 놀이하기보다는 자녀의 놀이를 지켜보고 놀이 방법을 알려주는 경향이 있다고 합니다. 제가 만난 많은 부모님들이 정말 이런 모습을 보였습니다. 놀이 방법을 빨리 알려줘서 아이가 성공을 경험하도록 정서적인 지지를 해주고 싶은 본능적인 끌림이 있는 것이었습니다. 잘 해주고 싶은 소중한 마음입니다. 이해합니다. 그러나, 기다려도 괜찮습니다!!! 조금 기다린 후에도 아이가 좌절하기 전에 충분히 도와줄 수 있습니다. 지시와 질문을 줄이기 위해 입을 무겁게 했다면 이번엔 손과 엉덩이 차례입니다. 미리 알아서 쓱 해주던 버릇을 내려놓으세요. 블록이 떨어져도 괜찮습니다. 도와달라고 할 때 도와주면 됩니다.

아이가 표현할 수 있는 시간을 주세요

아이의 주도를 따르기 위해 천년만년 아무말도 하지 않고 기다리기만 해야 하는 것은 아닙니다. 아이가 스스로 표현할 수 있는

자폐 영유아와 함께 놀이하며 성장하기

기회를 주고, 시간을 주는 것이 필요합니다. 기본적으로 3초 이상 기다리기를 권합니다. 그런데 제가 마음속으로 셋을 세면서 기다리세요, 라고 하면 성질 급한 부모님은 0.5초 만에 하나둘셋 세고 먼저 아이에게 말을 합니다. 그래서 요즘엔 열을 세는 것으로 바꿨습니다. 아무리 빨리 세도 열까지 세려면 3초는 걸리거든요. 자신이 성질이 급한 편이다, 열을 세요. 자신은 느긋한 편이다, 다섯만 세셔도 됩니다. 핵심은 아이가 표현할 수 있는 충분한 시간을 주는 것입니다. 아니 선생님, 열이나 세며 기다리면 아이가 가 버리는데요. 그래서 그 시간을 잘 맞추는 것이 매우 중요합니다. 아이가 관심이 충분할 때에는 조금 여유를 가지고 기다려도 되지만 아이가 관심이 별로 없을 때에는 시간을 짧게 주고 얼른 따라붙어야 합니다. 아이가 주도적으로 놀이를 하다 스스로 표현하면 그때 곧바로 아이의 표현에 반응해주세요. 차단기 놀이를 하다가 차단기가 떨어졌습니다. 가만히 기다리면 준호가 도와달라는 눈빛을 보냅니다. 그때 도와주면 됩니다.

한 번에 조금씩 도와주세요

아이가 도움을 필요로 할 때엔 한꺼번에 많이 도와주는 것보다 조금씩 여러 번 도와주는 것이 좋습니다. 아이가 계속 도움을 요청

할 수 있게 기회를 주세요. 사실 우리는 아이의 눈빛만 봐도 다 알수 있습니다. 그래서 자꾸 알아서 척척 해줘 버리기도 합니다. 하지만 아이가 주도적으로 놀이할 수 있도록, 그리고 자신이 원하는것을 스스로 표현할 수 있도록 일부러 조금씩만 도와주세요.

도와줄 때는 반드시 엄마 아빠가 자신을 도와주고 있다는 것을 아이가 알아차리게 해주세요. 아이가 원하는 물건을 건네주고 아이의 놀이에 도움이 되는 사람이 됨으로써 엄마 아빠는 활동의 일부가 되고 아이가 엄마 아빠의 말에 관심을 가지게 할 수 있습니다.

아이의 주도 따르기: ③ 기다리기, 돕기

do	don't
• 아이가 표현을 할 때까지 여유있게 기다리기 • 아이가 행동을 한 뒤 행동 읽어주기 • 아이가 필요할 때 도와줄 수 있음을 알려주기 • 아이가 표현할 수 있는 기회를 더 주기 위해 조금씩 도와주기	• 아이의 행동 지시하기 • 질문하기 (이거 뭐야? 무슨 색이야?) • 아이보다 앞서서 놀이하기 • 아이가 요청하기도 전에 도와주기 • 한 번에 다 해주기

자폐 영유아와 함께 놀이하며 성장하기

아이
모방하기

아기는 세상을 살아가기 위한 수많은 것들을 어떻게 배워갈까요? 아기는 태어나자마자부터 무수한 연습과 시행착오를 통해 세상의 많은 부분을 배워갑니다. 1년 동안 끝없는 연습 끝에 목을 가누고, 뒤집고, 기고, 마침내 일어서서 걸어다니게 됩니다. 하지만 모든 것을 직접 연습하고 경험하면서 배우기엔 세상은 너무나도 넓습니다. 그렇다고 태어나자마자 책을 읽고 다른 사람의 이야기를 들으면서 배울 수는 없습니다. 다행히도 우리에겐 비장의 무기가 있습니다. 우리는 '보고' 배웁니다. 내가 직접 무언가를 하지 않아도 다른 사람이 하는 것을 보면 '아하, 저렇게 하는 것이구나' 하고 따라 배울 수 있습니다. 무의식적으로 다른 사람의 행동을 보는 것만으로도 학습이 일어난다니, 두뇌는 참으로 신비합니다.

생후 1년 동안 아기는 구어 및 비구어 의사소통 기술과 다양한 사물을 다루는 방법을 급속도로 익힙니다. 발달심리학자들은 이러한 학습이 다른 사람의 행동을 모방할 수 있는 능력 덕분이라고 이야기합니다. 아이는 다른 사람의 표정, 행동, 소리를 따라 하면서 놀이하고 이러한 경험이 쌓이면서 점차 사회적인 행동으로 발전해 나갑니다. 모방을 통해 아이들은 사회적 기술을 익히고, 다른 사람들과 소통하게 되고, 감정을 공유하고, 필요를 표현하고, 다른 사람에게 주의를 기울이게 됩니다.

모방은 학습의 도구가 될 뿐 아니라 사회적 상호작용에 중요한 역할을 합니다. 상대방이 다리를 꼬고 있으면 자신도 모르게 다리를 꼬거나, 상대가 팔짱을 끼고 있으면 자신도 모르게 팔짱을 낀 적이 있나요? 무의식적으로 상대방의 자세와 몸짓을 모방하는 경향을 '카멜레온 효과'라고 합니다. 모방은 모방의 대상과 모방하는 사람 모두에게 영향을 미칩니다. 여러 실험 연구에 따르면 다른 사람을 따라 하면 상대방과 더 가깝게 느끼게 되고[15], 모방하는 사람과 다른 사람 모두에 대한 친사회적 지향이 증가한다고 합니다[16]. 이렇듯 모방은 자신이 속한 집단 안에서의 정체성을 확인하는 사

자폐 영유아와 함께 놀이하며 성장하기

회적 접착제 역할을 하게 됩니다.

그렇다면 어떻게 하면 아이들이 다른 사람을 따라 할 수 있을까요? '자, 따라 해봐' 하면 아이가 따라 할 수 있을까요?

흔히들 모방은 본능이라고 합니다. 특별히 모방하는 법을 배우려 애쓰지 않아도 자연스럽게 모방 행동이 일어난다는 말입니다. 비결은 우리 뇌 속의 거울 뉴런mirror neuron 입니다. 이탈리아의 신경심리학자 리촐라티 교수의 연구팀은 원숭이의 행동과 뇌 속의 뉴런의 작동을 관찰하다가 거울 뉴런을 발견하였습니다[17]. 다른 원숭이 혹은 사람의 행동을 보기만 하는데도 스스로 움직일 때와 똑같이 반응하는 뉴런을 찾은 것입니다. 사람이 음식을 집는 모습만 보아도 자신이 직접 음식을 집을 때와 동일하게 뉴런이 활성화됩니다. 마치 거울을 보는 것과 같은 반응을 나타낸다고 해서 붙은 이름입니다. 뇌 속의 거울 뉴런이 활성화되면 아이는 자연스럽게 모방 행동을 할 수 있습니다.

안타깝게도 자폐 아이들은 또래에 비해 말이나 행동에 대한 모방을 적게 합니다. 이는 의사소통 뿐 아니라 물건을 쓰임새에 맞게 적절하게 사용하는 것에도 영향을 미칩니다. 이러한 특성은 이후의 언어 발달이나 학습에도 당연히 부정적인 영향을 미치게 됩니다. 자폐 아이들이 모방의 어려움을 겪는 데 대한 여러 이론이 있지만 아직 왜 그런지 명확하게 밝혀지지는 않았습니다. 다만, 연구에 의하면 자폐 아이의 경우 다른 사람의 행동을 봐도 거울 뉴런이 덜 활성화된다고 합니다. 그러나 신경 조직 자체가 손상된 것은 아니라고 합니다. 거울 뉴런을 활성화시킬 수만 있다면 자폐 아이도 모방을 할 수 있다는 말입니다.

그렇다면 아이의 거울 뉴런을 활성화하기 위해서는 어떤 자극을 주어야 할까요? 바로 부모가 아이에게 눈을 맞추고, 아이의 표정이나 행동, 소리를 따라 해줄 때 거울 뉴런이 활성화됩니다. 다른 사람이 자신을 따라 하는 것을 경험하는 것은 아이들에게 매우 중요합니다. 아이들은 자신의 행동을 모방하는 성인에게 더 많은 관심을 기울입니다. NDBI를 구성하는 다양한 전략 중에서 아이의 놀이 참여를 높이는데 직접적인 영향을 미치는 핵심 전략이 바로 아이 모방하기입니다[18]. 또한 모방하기-모방 당하기imitate-being imitated는 주고받는 의사소통의 기초를 형성합니다. 상호 모방은 아이가 다른 사람처럼 행동할 수 있고 다른 사람이 자신처럼 행동할 수 있다는 것을 이해하는데 도움이 됩니다. 다른 사람이 자신을 따라 하는 것에 대한 인식에서 사회 및 인지 발달이 시작됩니다. 자폐 아이는 또래만큼 빠르게 모방 행동을 습득할 수는 없지만 지속적이고 집중적으로 자극을 줄 경우 충분히 모방을 학습할 수 있

자폐 영유아와 함께 놀이하며 성장하기

습니다. 그뿐만 아니라 아이를 모방하는 것은 자폐 아이의 사회적 참여, 놀이 기술, 상호작용 반응하기 등 능력을 높여줍니다.

그렇다면 아이를 모방하는 것은 어떻게 해야 할까요?

아이를 모방하는 전략은 크게 세 가지로 구성됩니다.

① 소리, 몸짓, 표정 모방하기
② 놀이 모방하기
③ 모방에서 한 걸음 더 나아가기

소리, 몸짓, 표정 모방하기

모방의 첫 시작은 아이의 아주 작은 순간순간을 따라 하는 것입니다. 아이 주도 따르기에서 연습한 것처럼 여기서도 아이가 먼저 소리를 내거나 몸을 움직일 때까지 기다리는 것이 중요합니다. 아이가 먼저 소리를 내거나 몸짓을 하거나 표정을 지으면, 그 다음에 아이의 행동을 따라 해주세요.

아이의 소리를 따라 해보세요

아이에게 누군가가 모방하고 있다는 것을 알리기 가장 좋은 방법은 아이의 소리를 따라 하는 것입니다. 아이가 특별한 의도 없이 내는 소리라도 누군가가 그 소리를 따라 하면 아이는 다른 사람이 자신의 소리를 들었고, 자신이 낸 소리가 의미 있고 중요한 것이라고 여기게 됩니다. 이를 통해 아이가 '내가 누군가에게 영향을 미친다'는 것을 인식해 가게 됩니다.

태어난 지 두 달 정도 되면 아기는 소리를 내기 시작합니다. '우' '아' '구' 등 목소리를 내는 연습을 시작하죠. 그럴 때 엄마 아빠는 어떻게 하나요? 아기가 '우' 소리를 내면 사랑스런 눈빛으로 누워 있는 아이를 바라보며 '우'라고 다시 말해주죠. '아' 소리를 내면 '아' 하고요. 처음에는 아이가 우연히 내는 소리였을 것입니다. 그러다가 '어? 내가 소리를 낼 수 있네' 하고 인식하게 됩니다. 그러면서 아기는 점점 더 다양한 소리를 내게 됩니다. 또, 아기는 처음에는 자신이 소리를 내면 엄마 아빠가 따라 한다는 것을 알아채지 못합니다. 하지만 아기가 소리를 낼 때마다 눈을 쳐다보면서 웃으며 소리를 따라 해주면 어느새 아기는 엄마 아빠가 자기를 따라 하고 있다는 것을 알게 됩니다.

자폐 아이의 소리를 따라 하는 것도 마찬가지입니다. 말을 잘

자폐 영유아와 함께 놀이하며 성장하기

하지 못하는 아이일수록 아이가 내는 소리에 반응해주고 따라 하는 것이 굉장히 중요합니다. 그렇다고 울거나 짜증내는 소리도 따라 해야 하는 것은 아닙니다. 소리를 따라 하는 놀이를 한다 생각하면 어떤 소리를 따라 해야 할 지 감이 잡힐 겁니다. 아이와 얼굴을 마주 보고 눈을 맞추며 아이가 내는 소리를 따라 해보세요. 아이가 또 어떤 소리를 내기를 기다렸다가 다시 따라 해보세요. 처음에는 아이의 소리와 똑같이 따라 해주세요. 아이가 '우' 하면 엄마 아빠도 '우' 합니다. 아이가 '이야' 하면 엄마 아빠도 '이야' 해주세요. 아이가 '부아바부피포'같은 외계어를 하면 똑같이 따라 해주세요. 여기서 '똑같이'라는 말은 목소리 톤이나 높낮이, 소리의 길이 등 모든 것을 똑같이 하는 것입니다. 아이가 우리의 따라 하는 소리에 관심을 기울였는지 잠시 기다리면서 확인해 보세요. 그런 다음 기다림의 끝에 아이가 또 소리를 내면, 다시 따라 하는 겁니다. 아이가 소리를 낼 때마다 따라 해주면 아이는 '이상하다. 무슨 일이지?' 생각하게 됩니다. 그리고 엄마 아빠를 처다보게 됩니다. 이렇게 상호작용이 시작됩니다.

작고 미묘한 움직임을 따라 해보세요

'여기 좀 봐봐' 하면 아이가 관심을 보이던가요? 아이러니하지만 아이의 관심을 끌어오는 가장 빠른 방법은 '엄마 아빠가 아이에게 관심을 보이는 것'입니다. 특히 아직 놀잇감에 흥미를 가지지 않는 아이는 소리, 몸짓, 표정을 따라 해주는 것이 중요합니다. 선생님, 우리 아이는 따라 할만한 어떤 행동을 하지 않는데요? 어떤 아이는 몸짓이나 표정이 풍부하지 않을 수도 있습니다. 어떤 아이는 움직이긴 하는데 제자리에서 빙글빙글 돌기만 하는 등 엄마 아빠가 보기에 마음에 안 드는 움직임만 할 수도 있습니다. 하지만 앞에서 이런 것들을 다 놀이로 인정해 주기로 했잖아요? 기왕 놀이로 친 거 같이 놀아봅시다. 아이가 발을 쿵쿵거리면 그대로 쿵쿵 해보세요. 아이가 빙글빙글 돈다면 옆에서 빙글빙글 돌아보세요. 아이가 기분이 좋을 때 콩콩 뛰며 손을 펄럭거린다면 정말 기분 좋은 표정으로 박수를 치는 것으로 조금 바꾸어 따라 해주세요.

아이와 마주 보며 아이가 짓는 표정도 따라 해보세요. 눈썹을 올렸다 내려보고 찡그리고, 활짝 웃고, 볼에 바람을 넣고 아이의 모습을 거울처럼 보여주세요. 그런 모습을 따라 해줌으로써 아이는 엄마 아빠가 존재한다는 것, 지금 자기와 뭔가 주고받으려고 한다는 것을 알아차리게 됩니다. 아이의 작은 소리 하나, 미묘한 움직임 하나, 표정 하나를 따라 하는 것에서부터 시작해 보세요. 아

자폐 영유아와 함께 놀이하며 성장하기

이가 엄마 아빠가 따라 하는 것에 전혀 관심이 없는 것 같다면 거울을 앞에 두고 따라 해보세요. 핸드폰에 집착하지 않는 아이라면 셀카모드도 좋습니다.

즐겁게 따라 해주세요

모방에서도 가장 중요한 것은 즐거움입니다. 자폐 아이들의 소리나 몸짓, 표정은 단조로울 때가 많습니다. 그럴 때 똑같이 단조롭게 따라 하면 어떨까요? 아이가 엄마 아빠에게 관심을 보일까요? 스치듯 따라 하면 아이는 엄마 아빠가 따라 하는 줄도 모를 것입니다. 아이가 단조롭게 말해도 엄마 아빠가 따라 할 때에는 좀 더 목소리 톤을 높여서, 생동감 넘치게 따라 해주세요. 아이가 무슨 말 하는지 전혀 모르겠어도 정말 재미있는 이야기를 듣듯이, '우리가 재미있는 대화를 하고 있어!' 의미를 부여해 주듯이 따라 해주세요. 물론 꼭 정면에서 눈을 뚫어지게 쳐다면서 '내가 널 따라 하고 있어!' 강요하듯 해야 한다는 것은 아닙니다. 아이가 엄마 아빠를 잘 볼 수 있는 각도에서, 아이가 잘 볼 수 있는 상황을 만들어서 즐겁게 따라 해주면 됩니다.

소리는 쳐다보지 않아도 들리니 쉽게 알아차릴 수 있지만 몸짓과 표정을 따라 하는 것을 아이가 알아차리기는 조금 어렵습니다.

그래서 몸짓이나 표정을 따라 할 때는 약간 천천히 과장해서 해야 합니다. 그리고 소리까지 내주면 더 좋습니다. 아이가 빙글빙글 돌 때 조용히 빙글빙글 돌기만 하는 게 아니라 "우와! 빙글빙글" "돌 아간다~!!" 이런 말을 같이 하는 겁니다. 아이가 쌓아둔 블록을 넘 어뜨리며 싱긋 웃으면 아이를 바라보며 "와!" 하고 활짝 웃는 것입 니다. 아이는 엄마 아빠의 소리를 듣고 엄마 아빠를 쳐다보며 엄마 아빠가 자신을 따라 하는 행동을 바라보게 됩니다. 그리고는 엄마 아빠가 자신을 따라 하고 있다는 것을 알아차리게 됩니다. 아이를 따라 할 때는 아이가 엄마 아빠에게 관심을 보이고 있는지 항상 확 인하세요.

아이 모방하기: ① 소리, 몸짓, 표정 모방하기

do	don't
• 생동감 있게 소리 따라 하기 • 의미 있는 것으로 여기며 따라 하기 • 눈을 맞추고 따라 하기 • 과장해서 따라 하기 • 작고 미묘한 움직임 따라 하기	• 모노톤으로 소리 따라 하기 • 명확하지 않게 따라 하기 • 의미 없어 보이는 행동 제지하기

자폐 영유아와 함께 놀이하며 성장하기

놀이 모방하기

아이에게 우리가 함께 놀고 있다는 것을 알려주고, 또 새로운 놀이를 알려주기 위해서는 먼저 아이의 놀이를 그대로 따라 해줄 필요가 있습니다. 아이가 놀이를 하고 – 뒤이어 엄마 아빠가 놀이를 하고 – 아이가 놀이를 하고 – 또다시 엄마 아빠가 놀이를 하는 것만으로도 함께하는 훌륭한 놀이가 될 수 있습니다.

아이가 놀잇감을 가지고 하는 행동을 따라 해보세요

아이가 놀잇감이나 다른 물건을 가지고 하는 행동을 따라 해보세요. 아이가 놀잇감을 가지고 놀이를 시작할 때, 엄마 아빠도 같은 놀잇감을 선택해 아이의 행동을 모방함으로써 아이의 주도를 따를 수 있으며, 아이는 다른 사람이 자신을 모방한다는 것을 더 잘 알아차릴 수 있습니다. 아이의 행동이 놀이처럼 보이지 않더라도 놀잇감을 활용하여 하는 어떤 움직임이든 따라 해보세요. 자동차를 줄 세우면 엄마 아빠도 옆에서 자동차를 줄 세워주세요. 블록을 쌓으면 옆에서 블록을 쌓습니다. 아이가 블록을 쌓다가 무너뜨리면 엄마 아빠도 같이 무너뜨립니다. "오 똑같다!" 이런 말을 하면서요. 자동차 바퀴를 손으로 돌리면 엄마 아빠도 같이 돌려보는 겁니다. 이게 뭐가 재미있다고 그러는거야, 판단하는 대신에 도대체 이 속에는 어떤 즐거움이 있을까? 호기심을 가지고 아이의 놀이를 따라 해보세요. 때로는 따라 하자니 좀 애매한 놀이도 있습니다. 형광등 불을 켰다 껐다 하는 아이가 있습니다. 이럴 땐 어떻게 해야 할까요? 같이 형광등을 켰다 껐다 하기엔 이건 좀 별로인것 같은데… 그럴 때에는 아이가 이 놀이를 왜 좋아하는지 그 매력을 확인해 보세요. 아마도 불빛이 깜빡이는 것이, 방이 환해졌다 어두워지는 것이 재밌어서 그럴 수 있습니다. 캄캄한 방에서 플래시라이트 놀이를 하게 해주고 그 놀이를 따라 하면 됩니다.

아이의 놀이를 인정해주라고 했지만 모방하면 안 되는 행동도 분명 있습니다. 아이의 주도 따르기에서도 이야기했듯이 위험한 행동, 다른 사람을 불편하게 하는 행동은 따라 해서는 안됩니다. 아이가 놀잇감을 던졌을 때 '그럼 나도 던져야지' 하고 따라 하면? 절대 안됩니다. 아이가 '오 이거 되게 재미있는 놀이네?'라고 생각하면서 계속 던지게 되면 무척 곤란합니다. 절대 위험한 행동은 따라 하지 말고 안 된다고 단호하게 말해주세요.

너 하나, 나 하나 두 개의 놀잇감으로 놀이하세요

아이가 신나게 놀이하고 있는 것을 따라 하려고 아이의 놀잇감에 손을 대면 아이가 어떤 반응을 보이나요? 아이가 '우와 엄마 아빠도 똑같은 것 들었네. 같이 놀아야지~' 하면 좋겠지만, 보통은 '그 손 치워라' '내 장난감 내놔라' 합니다. 아이들이 왜 이렇게 놀잇감을 공유하지 못할까요? 그건 아직 어려서입니다. 어린이집 영아반에 가면 똑같은 놀잇감이 여러 개 있습니다. 이 시기에는 각자 놀잇감을 가지고 각자 놀이합니다. 영아는 아직 친구와 주고받는 놀이를 할 줄 모릅니다. 물론 맞춰주는 성인과는 조금씩 할 수 있지만, 만 3세 무렵까지는 또래와 같은 공간에서 동일한 활동을 하면서도 각자 따로 노는 놀이가 대부분을 차지합니다. 그 이후로 놀이가 점점 복잡해지고 사회성이 발달하면서 친구와 함께 놀게 됩니다. 그렇게 되기 전까지는 아이가 자신의 놀잇감을 가지고 혼자 노는 것을 존중해주어야 합니다.

아이의 놀이를 따라 할 때에는 같은 놀잇감 두 세트를 사용하는 것이 좋습니다. '우와 재밌겠다 엄마 아빠도 줘 볼래?'라고 아무리 친절하게 이야기해도 아이가 하고 있는 놀잇감을 가져가면 아이 입장에서는 빼앗겼다고 생각합니다. 이렇게 놀잇감을 공유할 수 없는 상황이라면 하나씩 더 준비해서 '너는 네 거 가지고 놀아. 나는 너 따라 하면서 내 거 가지고 놀이할게' 하는 식으로 놀이해주세요. 아이가 쌓고 있는 블록 위에 블록을 올릴 필요는 없습니다. 아이의 놀이에 관심을 보이면서 따로 놀잇감을 가지고 옆에서 놀이해주세요. '호영이가 높이 쌓았구나 엄마도 높이 높이~' 하면서 옆에서 놀이하면 됩니다.

똑같이 따라 해보세요

아이가 행동을 하면 똑같이 따라 하고, 아이가 멈추면 똑같이 멈춰보세요. 따라 하는 것을 처음 보여줄 때엔 악기놀이처럼 소리 나는 놀잇감을 활용하는 것도 좋습니다. 많은 아이가 즐겁게 노는 놀잇감이기도 하고, 따라 하는 소리가 들려 아이가 엄마 아빠가 따라 하는 것을 쉽게 알아차릴 수 있습니다. 아이가 북을 둥둥 치면 엄마 아빠도 옆에서 북을 둥둥 칩니다. 아이가 마라카스를 찰찰찰 흔들면 엄마 아빠도 똑같이 흔듭니다. 그러다가 아이가 멈추면 곧바로 따라 멈춥니다. 아이가 북을 세게 치면 엄마 아빠도 세게 치고 아이가 살살 치면 엄마 아빠도 살살 치고 아이가 빨리 치면 엄마 아빠도 빨리 칩니다. 속도도, 세기도, 박자도 모두모두 똑같이 똑같이 따라 해주세요. 여러 번 반복하다 보면 아이는 엄마 아빠가 자신의 행동을 따라 하는지 살피기 시작할 것입니다. 아이의 놀이뿐만 아니라 아이의 말과 아이의 웃음도 함께 따라 해보세요.

자폐 영유아와 함께 놀이하며 성장하기

재미있는 놀이를 함께하세요

놀이 모방하기의 목표는 단순히 아이의 놀이 행동만 따라 하는 게 아니라 아이의 즐거운 순간을 함께 즐기는 것입니다. 아이가 왜 이 놀이를 하는지, 어떤 점이 재미있는지 보물을 찾아보세요. 아이를 따라 하다 보면 아이가 하던 놀이를 멈추고 엄마 아빠에게 관심을 가지는 때가 옵니다. 그럴 때 눈을 마주치고 활짝 웃어주세요. "우와! 빙글빙글!" "서윤이처럼 둥둥둥둥 하니까 정말 재밌다!"라고 아이에게 이야기해주세요.

아이 모방하기: ② 놀이 모방하기

do	don't
• 아이의 놀이 행동 따라 하기 • 똑같이 따라 하기: 속도와 톤 맞추기 • 같은 놀잇감 활용하여 옆에서 놀이하기 • 긍정적 정서 표현하기 • 따라 할 때 아이가 관심을 보이는지 확인하기	• 아이와 다른 놀이하기 • 아이가 하고 있는 놀잇감 빼앗아서 따라 하기 • 아이의 놀이에 간섭하기 • 놀이 행동만 따라 하기

모방에서 한 걸음 더 나아가기

모방의 첫 걸음은 아이의 소리, 몸짓, 행동, 놀이 등을 아이와 똑같이 따라 하는 데서 시작합니다. 아이가 엄마 아빠가 자신을 따라 하고 있다는 것을 인식하고 모방이 익숙해질 때까지 아이를 똑같이 따라 해주세요. 아이를 따라 하는 것이 놀이의 일부로 자리 잡으면 그 다음 단계로 넘어갈 수 있습니다.

여유를 가지고 꾸준히 따라 해주세요

이 전략은 아이를 따라 하는 것이 1차 목표입니다. 새로운 것을 가르치는 데 욕심을 내기보다는 아이를 충분히 따라 하는 데 초점을 맞춰주세요.

아이의 놀이를 열심히 따라 하는데 아이가 엄마 아빠에게 관심을 보이지 않는다면 아이가 정말 좋아하는 놀잇감을 준비해보세요. 자동차만 보면 눈이 반짝이는 아이라면 엄마 아빠 손에 자동차가 쥐어져 있을 때 엄마 아빠의 놀이에 더 관심을 보일 수 있습니다. 그런데 그럼에도 여전히 본인의 놀이에만 심취해 있을 수도 있습니다. 그럴 때는 감탄사와 의성어, 의태어를 활용하세요. '내가 지금 너를 따라 하고 있어'를 어필하는 겁니다. 우와! 이야! 오! 이런 기쁨의 소리와 쿵쿵, 둥둥, 빙글빙글, 흔들흔들, 찰찰찰 등 재미있는 의성어, 의태어를 사용하면 아이의 관심을 더 쉽게 끌어올 수 있습니다.

자폐 영유아와 함께 놀이하며 성장하기

아이의 것은 따로 있고 엄마 아빠는 옆에서 다른 놀잇감으로 해도 그 놀잇감을 달라고 하는 경우가 있습니다. 괜찮습니다. 그럴 때는 자연스럽게 '바꿀까?' 하며 아이 행동의 의도를 확인해주고, 아이의 놀잇감과 엄마 아빠의 놀잇감을 바꿔주거나 건네주고, 엄마 아빠는 다른 놀잇감을 가지고 놀이하세요. 엄마 아빠와의 놀이가 익숙해질수록 아이는 엄마 아빠가 곁에서 놀이하는 것을 인정해줄 거에요. 조금만 기다려주세요.

점차 새로운 것을 더해 주세요

엄마 아빠가 모방이 익숙해지면 행동을 조금씩 변형시켜 보세요. 아이가 두 번 두드리면 엄마 아빠는 세 번 두드려 보세요. 이제 아이가 변화를 알아차리고 반응하나요? 더 익숙해지면 약간 더 발전된 형태로 확장해 보세요. 예를 들어, 아이가 기차놀이를 하고 있다면, 기차놀이를 따라 하면서 "칙칙폭폭"이라고 말해주세요. 아이가 소꿉놀이를 하면서 "물"이라고 표현하면 "물 마셔"라고 해주세요. 이렇게 자연스럽게 다음 단계로 넘어갈 수 있도록 도움을 줄 수 있습니다. 아이에게 어떤 것을 새롭게 소개할지 생각해 보세요. 그렇지만 이 시간은 완전히 새로운 것을 해보는 시간이 아닙니다. 즐겁게 하던 놀이에 한 걸음만 스윽, 나가보는 거라는 것을 꼭 기억해주세요.

아이 모방하기: ③ 모방에서 한 걸음 더 나아가기

do	don't
• 아이가 모방을 인식하고 즐거워할 때 한 걸음 더 나아가기 • 아이의 현재 놀이보다 아주 조금 복잡하게 따라 하기 • 아이가 변화를 인식하는지 확인하기	• 아이의 행동과 전혀 관계없는 행동하기 • 아이가 따라 할 수 없을 만큼 복잡하거나 어려운 행동하기 • 아이의 흥미나 관심이 떠나도 계속하기

자폐 영유아와 함께 놀이하며 성장하기

모델링
하기

아이 모방하기에서 안내했듯이, 우리가 세상을 배우는 엄청난 도구는 바로 모방입니다. 무엇이든 새로운 것을 배울 때 가장 좋은 방법은 보고 따라 하는 것입니다. 아무것도 안 본 채로 혼자 생각을 하거나 다른 사람의 설명을 듣고 어떤 행동을 하는 것은 진짜 어려운 일입니다. 제가 한 가지 설명을 해 볼게요. 오른손 주먹을 쥐세요. 그 다음 엄지와 검지를 펴세요. 검지의 첫 마디에 엄지의 첫 마디를 엇갈리게 겹쳐 올립니다. 검지 손톱이 보이는 쪽이 상대를 향하게 내밀어주세요.

모두 손가락 하트 만들기에 성공했
나요? 그림을 보면 아하, 금방 이해하셨
을 것입니다. 설명을 듣고 손가락 하트
를 만드는 게 쉬운가요? 다른 사람이 하
는 것을 보고 따라 하는 게 쉬운가요? 우
리에게 모방기술이 없었다면 우리는 쉽게 배울 수 없었을 테고, 만
약 그렇게 배우는 것이 최선이라면 아마도 머리가 터져 버렸을지
도 모릅니다. 다행히 우리는 보고 따라 하면서 수많은 것을 배울
수 있습니다. 아이가 상황과 요구에 맞게 해야 할 말을, 놀이를, 행
동을 보여주는 것만으로도 아이는 많은 것을 배울 수 있습니다.
'곤지곤지 잼잼'에서 시작되는 행동 모방은 '안녕~' 하는 손 흔들
기로, 고개를 젓거나 끄덕이는 몸짓으로, 장난감을 조작하는 놀이
로 이어집니다. 같은 방식으로 말도 배울 수 있습니다. 처음 입술
을 모아서 낸 '(음)마' 소리는 어쩌다 아이도 모르고 낸 소리였지만
'우와! 엄마 했네. 엄마, 해봐 엄마!' 하는 말을 따라 '엄마'를 배우
고 점차 다양한 소리와 단어, 문장으로 확장하게 됩니다.

다른 사람을 따라 하는 것은 아이가 쉽고 효율적으로 학습할
수 있는 방법일 뿐만 아니라 다른 사람과 끈끈한 관계를 맺는 연결
고리가 됩니다. 거울 뉴런 이야기에서도 살펴봤듯 우리는 알게 모

자폐 영유아와 함께 놀이하며 성장하기

르게 다른 사람을 따라 합니다. 그리고 모델이 되는 사람은 자신을 따라 하는 사람에게 관심을 가지게 됩니다. 다른 사람을 따라 하는 것만으로도 '내가 너에게 관심이 있어'라는 것을 정확히 보여줄 수 있습니다. 또한, 아이가 점점 자라 유치원에 가고 학교에 가서 친구들이 하는 어떤 재미있는 행동을 보고 따라 하게 되면 그 순간 놀이가 시작됩니다. 그래서 아이가 친구와 연결이 되기 위해서는 친구들이 하는 것을 잘 보고 따라 하는 연습을 많이 해야 합니다.

아이에게 새로운 행동을 가르치기 위해서는 아이가 따라 할 수 있도록 엄마 아빠가 좋은 모델이 되어야 합니다. 아이가 자신의 요구나 의견, 감정 표현을 잘 할 수 있었다면 이 상황에서 어떻게 표현을 했을까? 아이가 놀이를 잘한다면 이 놀잇감을 가지고 어떻게 놀이할 수 있을까? 이렇게 생각해보며 그에 맞는 표현과 놀이를 보여주어야 합니다. 모델링은 어떠한 상황에서 아이가 하길 바라는 '그' 행동, 말, 표정, 몸짓을 아이 앞에서 하며 배우고 익히도록 보여주는 것입니다. 아이는 엄마 아빠의 시범을 통해 자연스러운 상호작용, 의사소통, 놀이 상황에서 해야 하는 행동, 말, 표정, 몸짓을 보고 따라 하게 됩니다. 모델링은 엄마 아빠의 의도대로 하는 것이지만 반드시 엄마 아빠가 모든 상황을 주도해야 하는 것은 아닙니다. '자, 따라 해봐'보다는 상호작용 하는 상황 안에서 아이의 주도대로 놀이를 하다가 적절한 순간에 적절한 행동, 말, 표정, 몸짓을 보여주는 것이 더 좋습니다.

여기까지 읽다 보면 한 가지 의문이 들 수 있습니다. 아이 모방하기의 마지막 전략인 모방에서 한 걸음 더 나아가는 것이 바로 모델링이 아닌가요? 맞습니다. 사실 아이 모방하기 전략과 모델링하기는 이어지는 전략입니다. 그런데 왜 따로 소개하는 걸까요? 왜냐하면 아이 모방하기 전략에 이어 모델링하기 전략까지 한 번에 소개하면 아이를 따라 하는 것은 어느새 잊혀지고 아이에게 모델링을 하는 것만 남기 때문입니다. 지금까지 다룬 내용들은 엄마 아빠가 먼저 놀이를 시작하지 않고 아이가 먼저 무언가를 하면 그다음에 엄마 아빠가 그에 맞게 반응하는 것을 연습하는 시간이었습니다. 그래서 지금까지는 좀 답답한 느낌이 들었던 분도 있으셨을 겁니다. 아이는 계속 똑같은 것만 반복하는 것 같은데 나는 언제까지 이러고 있어야 하나, 하는 고민이 들었을 수 있습니다. 이제부터는 조금 더 대놓고 가르치는 시간입니다. 그렇지만 체계적으로 가르치기보다는 엄마 아빠가 하는 게 엄청 재밌어 보이니 나도 한 번 해볼까? 하는 느낌으로 스며들게 하는 전략입니다.

그런데 아이 모방하기 전략을 배우면서 한참 잘 기다리고, 잘 따라 하며 아이에게 맞춰서 놀던 부모님들도 모델링하기 전략을

자폐 영유아와 함께 놀이하며 성장하기

배우고 나면 갑자기 자신이 무언가 가르쳐보리라 하는 전의에 불탑니다. 뒤에 나올 주도권 공유하기에서도 나타나는 현상이 여기서도 나타납니다. 제가 분명 '새로운 것을 알려주는 것이 아니라 한 걸음만 더 나아가는 거예요'라고 말씀드렸지만 다들 자신이 이번엔 새로운 놀이를 가르쳐보리라, 새로운 표현을 가르쳐보리라, 하는 마음이 불타오르나 봅니다. 그래서 평소의 놀이와 전혀 다르게 새로운 것을 엄마 아빠가 100% 주도하며 시도하게 됩니다. 하지만 그래서는 안 되고 이미 하던 것에서 한 걸음만 나아가야 합니다. 지금 하는 놀이 상호작용 안에서도 충분히 한 걸음씩 더 나아가서 배울 수 있는 것이 어마어마하게 많습니다.

그렇다면, 모델링은 어떻게 하는 것이 좋을까요? 아이에게 모델링 하는 전략은 크게 네 가지로 구성됩니다.

① 아이에 맞게 모델링하기

② 간단하고 정확하게 표현하기

③ 천천히, 강조해서, 반복하기

④ 확장하기

아이에 맞게 모델링하기

🌷

모델링의 첫 시작은 아주 쉬운 것을 보여주는 것입니다. 새로운 것을 가르치는 것이 우리의 목표이긴 하지만 처음에는 이미 아이가 할 수 있는 것에서 시작해도 좋습니다. 아이의 수준과 상황에 맞는 모델을 보여주세요. 엄마 아빠가 자신을 따라 했듯 자기도 엄마 아빠를 한번 따라 해볼까? 하는 마음이 들려면 '나도 충분히 할 수 있겠는데' 하는 마음이 들어야 합니다. 아이 모방하기에서 아이를 충분히 따라 했다면 이제는 엄마 아빠가 하는 것을 따라 할 수 있는 기회를 주세요.

아이의 수준에 맞춰 주세요

아이의 근접 발달 영역(현재 수준보다 약간 높은 수준)에 있는 소리, 몸짓, 표정, 놀이를 보여주세요. 이제 막 '엄마'를 말하기 시작한 아이에게 "엄마 물 주세요"라는 말을 모델링하면 아이가 따라 할 수 있나요? 아이는 엄마 아빠를 따라 하기는 커녕 눈만 멀뚱멀뚱 쳐다보고 있을 것입니다. 아이가 '엄마'를 말하기 시작했다면 맘마, 까까, 멍멍 등 아이가 조금만 노력하면 성공할 수 있는 말을 모델링 해주어야 합니다. 아이가 50개 이상 단어를 말할 수 있다면

자폐 영유아와 함께 놀이하며 성장하기

두 단어를 이어 말하는 시범을 보여주세요. 아이가 두세 단어를 이어서 말할 수 있다면 문장으로 말하는 시범을 보여주세요. 아이가 엄마 아빠의 손을 끌어서 요구한다면 원하는 것을 정확히 손가락으로 가리키는 시범을 보여주세요. 아이가 블록을 가지고 줄을 세우면 위로 높이 쌓는 모습을 보여주세요. 아이와 병원놀이를 하면 의사 선생님이 되어 아픈 곳을 치료하는 상황과 역할을 보여주세요. 아이와 의견 대립이 있으면 타협하는 대화의 모델을 보여주세요.

아이와 블록 놀이를 할 때 아이는 이제 겨우 블록 다섯 개를 쌓는 수준인데 엄마 아빠가 더 신나서 블록으로 커다란 성을 지어버리는 경우가 종종 있습니다. 이 아이가 성 만들기를 따라 할 수 있나요? 절대 못합니다. 그렇게 되면 아이가 다음에 또 성 놀이를 하고 싶으면 스스로 쌓는 것에 도전하기는커녕 엄마 아빠에게 다시 만들어달라고 요구해버립니다. 우리가 원하는 건 이게 아니잖아요? 아이가 스스로 할 수 있는 것보다 조금 더 높게, 넓게 쌓는 모습을 보여주어서 아이가 도전해보게 하는 것이 좋습니다.

아이의 관심을 따라 가세요

아이에게 가르치고 싶은 말과 놀이는 너무나도 많습니다. 그래서 엄마 아빠가 아이의 관심을 끌어오고 싶은 마음이 들 때마다 기억해야 할 것이 있습니다. 아이는 즐거울 때, 스스로 배우고 싶은 마음이 들 때 자연스럽게 배운다는 것입니다. 그래서 엄마 아빠가 가르치고 싶은 마음보다 아이의 즐거움을 유지시키는 것을 더 중요하게 여겨야 합니다. 아이가 어디에 관심을 두는지 유심히 살펴보세요. 아이가 밖에 나가고 싶어요. 그럴 때 '나가'라고 말해줘야 아이가 '아, 이럴 때는 이렇게 말하는 것이구나' 하고 알고 따라 할 수 있습니다. 아이가 신나게 퍼즐놀이를 하고 있을 때 문을 가리키면서 '나가'라고 하면 아이는 그게 무엇을 의미하는지 알 수 없습니다. 아이가 미끄럼틀에 자동차를 태우고 있을 때 옆에서 공을 미끄럼틀에 굴리는 모습을 보여주면 아이는 조금 더 쉽게 관심을 보이고 놀이를 따라 할 수 있습니다.

상황에 적절한 말과 놀이를 알려주세요

세현이는 요즘 일상의 다양한 어휘를 배우는 중입니다. 세현이는 주차타워 놀이를 하면서 자동차가 타워에 타고 내릴 때마다 '엘리베이터'를 외칩니다. 엄마도 세현이를 따라서 자동차를 태워주면서 "엘리베이터 타"라고 말합니다. 그리고 3층 주차장에 도착하면 "엘리베이터 내려"라고 말합니다.

찬민이는 친구를 좋아하지만 먼저 다가가서 놀이를 제안하지

자폐 영유아와 함께 놀이하며 성장하기

못합니다. 아빠는 혼자 놀고 있는 찬민이에게 다가가 "우와, 재밌겠다. 나도 같이 하고 싶어"라고 말합니다. 찬민이는 다음에 친구와 놀이할 때 아빠가 얘기했던 대로 "나도 같이 하고 싶어"라고 이야기 합니다.

유하와 엄마는 가게놀이를 합니다. 유하는 가게 사장님이고 엄마는 손님 역할을 맡았습니다. 엄마가 말합니다. "이거 얼마에요?" "사과 두 개 주세요" 이제 차례를 바꿔 유하가 손님을 합니다. 유하가 가게에 오자 사장님이 묻습니다. "뭐 드릴까요?" 유하가 대답합니다. "사과 두 개 주세요"

하경이는 점토를 밀어 길게길게 만드는 것을 좋아합니다. 아빠는 하경이와 점토놀이를 하다가 동글동글 굴려 공 모양 만드는 것을 보여주었습니다. 하경이는 관심을 가지고 쳐다본 뒤 아빠처럼 공을 만들었습니다.

이렇듯 모델링은 이미 아이가 할 수 있는 것보다 아주 조금 복잡하고, 아주 조금 어려워서 도전정신을 발휘해 볼 만한 말과 놀이를 알려주는 것입니다. 우리 아이가 지금보다 조금 더 놀이를 잘한다면, 우리 아이가 지금보다 말을 조금 더 잘한다면 아이는 어떤 행동과 어떤 말을 할지 생각해보면 무엇을 어떻게 보여줄 것인지 떠올릴 수 있습니다.

아이가 집중할 수 있게 도와주세요

아이에게 모델링을 할 준비가 되었나요? 아이가 엄마 아빠의 모델링에 집중할 수 있도록 몸짓과 표정, 목소리 톤 등을 풍부하게 사용해보세요. 손가락으로 공을 가리키면서 '공'이라고 말하면 아이는 엄마 아빠가 공에 대해 말한다는 것을 인식하고 집중할 수 있습니다. 놀이를 할 때에도 몸짓을 크게 하고 약간 과장된 목소리를 사용해서 아이가 집중한 것을 확인한 뒤 시범을 보여주세요.

무엇보다 중요한 것은 엄마 아빠가 보여주는 것이 굉장히 매력적이어야 한다는 것입니다. 아이가 엄마 아빠의 모습을 보면서 '오 저렇게 말하면 되는구나' '저 놀이 굉장히 재밌네, 나도 해보고 싶다!' 하는 느낌이 들어야 아이가 따라 합니다. 아이와 즐거운 놀이를 하면서 적절한 타이밍에 치고 빠지는 것이 중요합니다. 놀이가 이어져야 모델링의 기회가 많아집니다.

때로는 엄마 아빠가 모델링을 했는데 전혀 관심을 보이지 않을 때도 있습니다. 그래도 괜찮습니다. 우리 아이가 무슨 로보트도 아니고 입력값대로 다 해야 하는 건 아니잖아요? 그럴 땐 그냥 '음, 안 하고 싶구나' 하고 넘어가도 됩니다. '여기 봐봐' '따라 해봐' 하지 않아도 됩니다. 다시 아이 주도 따르기로 돌아가세요. 아이와 즐겁게 놀이하고, 아이의 놀이를 따라 하다가 자연스럽게 기회가

자폐 영유아와 함께 놀이하며 성장하기

생기면 그때 또 다시 슬쩍 보여주세요.

간단하고 정확하게 표현하기

간단히 표현해 주세요

아이에게 어떤 말을 알려주고 싶은가요? 그렇다면 목표하는 말을 간단히 강조해서 보여주세요. 긴 문장으로 표현하는 것보다 아이가 해야할 말을 그대로 간단하게 말해 주어야 아이가 더 잘 따라할 수 있습니다. 아이가 부엌을 서성입니다. 물이 마시고 싶은가봐요. 그럴 때 아이에게 "물 마시고 싶을 땐 '물 줘'라고 하는 거야"라고 하는 것보다 아이가 엄마 아빠의 말을 그대로 따라 할 수 있게 "물 줘"라고 이야기하는 것이 더 좋습니다.

때로는 아이의 일거수일투족을 생중계하는 듯 '사과 집었네. 사과 썰었네. 사과 접시에 담았네. 엄마 먹어? 엄마 포크에 찍어줬어?' 이런 식으로 쉬지 않고 알려주는 분이 종종 있습니다. 안타깝지만 너무 많은 말을 사용하면 아이가 어디에 집중해야 하는지 알기 어려울 수 있습니다. 수많은 말 중에서 아이가 지금 배워야 할 중요한 말을 선택해서 간단히 표현해주세요. '사과'를 알려주고 싶다면 '사과'만 말하면 됩니다. 아이가 사과를 집으면 '사과', 아이가 엄마에게 사과를 주면 '사과 얌얌' 이런 식으로요. '썰어'를 알려주고 싶으면 사과도 썰고 당근도 썰고 가지도 썰어보면서 그럴 때마다 '썰어'를 얘기해주면 됩니다.

놀이를 알려줄 때도 마찬가지입니다. 매일 아기 우유 먹여주는 놀이를 했다면 이번에는 아기를 재워줘 볼까요? 길게 설명하지 않아도 됩니다. '아기 코 자'라고 이야기하고 침대에 눕혀주세요. 아이가 어떤 행동을 따라 해야 하는지 그 부분을 강조해서 보여주세요.

정확한 표현을 알려주세요

가르치고 싶은 말 또는 행동을 아이가 알 수 있도록 정확하게 표현해주세요. '또' '주세요' '이거' '저거' 등은 여기저기 다양하게 사용할 수 있는 마법의 단어이지만 아이가 자신의 의사를 정확하게 표현하는 데에는 크게 도움이 되지 않습니다. 아이가 뭔가 원하는 것이 있는데 무엇을 원하는지 불분명했던 경험이 있을 겁니다. 그럴 때 얼마나 답답했나요! 아이가 더 명확하고 속시원하게 의사소통을 할 수 있도록 정확한 표현을 알려주세요. '공' '주스' '물' '먹어' '마셔' 등 아이가 관심을 보이는 물건이나 아이의 행동과 관련한 다양하고 정확한 표현을 알려주는 것이 좋습니다.

자폐 영유아와 함께 놀이하며 성장하기

일상적인 억양과 톤을 사용하세요

아이는 엄마 아빠의 말을 따라 할 뿐 아니라 억양과 톤까지 따라 합니다. 특히 반향어를 사용하는 아이라면 더더욱 그렇습니다. 문장을 통째로 외우기 때문입니다. 아이에게 "물 줄까?"라고 물어보고 물을 건네주면 반향어를 사용하는 아이는 물이 먹고 싶을 때마다 "물 줄까?"라고 질문 형식으로 모방을 하게 됩니다. 아이가 상황에 맞게 표현할 수 있도록 모델링을 하기 위해서는 아이에게 대답을 기대하며 질문하는 것보다는 '물 줘' 처럼 아이가 그 상황에서 해야 할 말을 억양까지 모델링하는 것이 더 좋습니다. 그렇다고 해서 너무 단조로운 톤으로 말하거나 로봇처럼 말하는 것은 안됩니다. 아이가 따라 했을 때 대화에 자연스럽게 참여할 수 있을만한 억양과 톤을 사용해주세요.

천천히, 강조해서, 반복하기

♥

천천히 표현해주세요

아이가 엄마 아빠의 소리/몸짓/표정/말/행동을 충분히 관찰하고 따라 할 수 있도록 천천히 시범을 보여주세요. 아이가 말하고 노는 속도를 한번 살펴보세요. 우리 어른들의 말과 행동보다 훨씬 느립니다. 아이들은 이전에 해 본 적 없는 것을 배우려면 시간이 더 필요합니다. 처음 모델링을 할 때에는 평소 모습의 0.8배의 속도로 천천히 보여주세요. 엄마 아빠가 천천히 할수록 아이는 더 쉽게 새로운 정보를 배우고 익힐 수 있습니다. 그렇다고 슬로우 모션처럼 한없이 느리게 하라는 말은 아닙니다. 몸짓과 표정은 말하는 속도와 맞아야 하며, 아이가 따라 할 수 있을 만큼 간단해야 합니다. 표정을 모델링할 때에는 아이가 엄마 아빠의 표정을 확인할 때까지 그 표정을 유지하세요.

강조해서 표현해주세요

아이가 무엇을 따라 해야 하는지 알려주기 위해서는 중요한 부분을 강조해주세요. 아이가 엄마 아빠에게 집중하고 있지 않을 때 모델링을 하면 아이는 엄마 아빠가 모델링을 한 줄도 모릅니다. 우리가 평소에 대화를 할 때에도 뭔가 강조하고 싶은 것이 있으면 한 호흡 쉬고 한 글자 한 글자 힘을 주어 이야기하는 것과 마찬가지로 아이에게 뭔가 보여주고 싶다면 강약 조절을 해보세요. 시범을 보이는 말을 하거나 행동을 하기 전에 아주 잠깐 멈추세요. 아이가 엄마 아빠를 바라보면 그때 속도를 늦추고, 목소리 톤에 변화를 주

자폐 영유아와 함께 놀이하며 성장하기

면서 모델링을 하세요. 대놓고 "여기 봐" 하는 것은 아니지만 엄마 아빠가 '이거 보여줄게, 잘 봐!' 하는 느낌을 전달해주세요. 표정과 몸짓을 함께 사용하면 엄마 아빠의 의도가 강조될 뿐 아니라 아이가 다양한 단서를 동시에 접할 기회를 제공합니다.

이미 엘리베이터를 알고 있는 세현이에게 '타' '내려'를 가르치고 싶을 때는 한 호흡에 '엘리베이터 타'라고 이어서 말하는 대신 '엘리베이터' 하고 0.2초 정도 멈췄다가 '타-'라고 말하면서 자동차를 태워주세요. 다시 '엘리베이터'라고 하고 0.2초 기다렸다가 '내-려-'라고 말하면서 자동차를 내려주세요.

자동차 주차 타워의 경사로 출발 버튼을 누르는 것을 알려주고 싶을 때에는 아이가 엄마 아빠를 보고 있는지 확인한 후에 보란 듯이, 검지 손가락을 쫙 펴서 '꾸욱' 소리와 함께 눌러주세요. 자동차가 내려가면 '이거 봐! 내가 버튼을 누르니까 자동차가 출발했지? 재밌다!'같은 느낌을 가득 담아서 "우와아아!!"라고 말해주세요.

반복해주세요

아이가 '엄마'라는 말을 하기까지는 엄마라는 단어를 만 번 이상 들어야 한다고 합니다. 보고 듣는 게 그만큼 중요합니다. 아이에게 알려주고 싶은 말과 행동을 매일매일 하루에도 여러 번 반복해서 알려주세요. 한 번 스치듯 지나가는 것만으로는 아이의 학습에 충분하지 않습니다. 같은 표현이나 행동이 필요한 다양한 상황에서 동일한 방법으로 보여주세요. '마시다'라는 말을 알려주려면 '물 마셔' '주스 마셔' '우유 마셔' 같은 표현을 반복해주세요. 인사하는 것을 알려주고 싶다면 인형 놀이를 하면서 '코끼리 안녕' 하고 손 흔들어주고, 그림책을 읽으면서 그림책 속 곰돌이에게 '곰돌이 안녕' 하며 인사해보세요. 친구를 만나면 '친구 안녕' 인사해보세요. 이러한 반복을 통해 아이는 다양한 상황에서 표현과 행동을 사용하는 방법에 대해 자연스럽게 배울 수 있습니다.

확장하기

🌷

똑같은 방식으로 모델링을 보여주세요

강아지를 가리키며 오늘은 강아지라고 했다가 내일은 멍멍이라고 하고, 그 다음날엔 개라고 하면 아이는 이 귀엽게 움직이는 생명체가 무엇인지 알 수 없습니다. 오늘은 '주세요' 했다가 내일은 '줘' 하면 아이는 자기가 무언가를 원할 때 어떤 말을 해야 좋을지 알 수가 없습니다. 아이가 충분히 익숙해질 때까지는 똑같은 방식과 표현으로 시범을 보여주세요. 소꿉놀이를 하면서 '오늘은 접시에 담는 것 보여주고 내일은 칼로 써는거 보여줘야지' 이렇게 엄마 아빠만의 진도를 빼는데 집중하지 마세요. 아이가 소꿉놀이 할 때 접시에 음식을 담는 것에 익숙해질 때까지는 오늘도 '딸기 담아야지. 여기 있습니다' 내일도 '브로콜리 담아야지. 얌얌 맛있다'처럼 반복해서 접시에 음식 담는 놀이를 보여주세요.

조금씩 확장해주세요

아이가 한 가지 상황에서 한 가지 말 또는 놀이를 잘 따라 할 수 있게 되면 조금씩 확장해주세요. 어제에 이어 오늘도 소꿉놀이를 했는데 아이가 자연스럽게 접시에 담는다면 다음에는 컵에 담아서 마시는 것을 보여주세요. 아이가 '우리 모두 다같이' 노래에서 손뼉치기를 배웠다면 그 다음에는 '주먹 쥐고 손을 펴서' 노래에서 손뼉치기를 보여주세요. 아이가 인형에게 우유 먹이기를 따라 하게 되면 '우유 마셔'라고 얘기해주세요. 아이와 북을 칠 때 한 번씩 두드리기를 주고받다가 두 번씩 두드리기로 바꿔보세요. 여기서 잠깐, 이렇게 설명하면 꼭 이 모든 단계를 다 해야 하는 것은 아닌가 걱정하는 분이 있습니다. 하지만 늘 그렇듯이 모든 것은 우리 아이가 얼마나 잘 하느냐에 달려 있습니다. 새로운 것을 알려줬는데 전혀 못 따라오는 것 같다면 확장하지 말고 조금 더 기다려주세요. 어떤 아이는 하루에 소꿉놀이 접시에 담고, 컵에 담아 마시고, 칼로 썰고, 포크로 찍는 것까지 다 할 수 있습니다. 이런 아이는 아이의 속도에 맞춰서 아이가 할 수 있을 만큼 보여주면 됩니다.

아이가 엄마 아빠를 잘 따라 하면 비슷한 놀잇감이나 주제 내의 다른 놀잇감을 추가해서 놀이를 확장해보세요. 변화는 놀이를 더욱 즐겁고 놀랍게 만들어줍니다.

자폐 영유아와 함께 놀이하며 성장하기

함께
놀이하기

　아이에게 함께 노는 것을 알려주기 위해 아이의 주도대로 놀이하는 것도 매우 중요하지만, 말이나 행동, 놀이를 가르치기 위해서는 새로운 놀이 경험이 필요할 때가 있습니다. 자폐 아이는 때로는 놀이 기술이 전혀 없어 보이기도 하고, 감각 탐색 수준의 놀이 외에는 레파토리가 없을 때도 있고 때로는 평범하지 않은 방법으로만 놀이하거나 한 가지 놀이만 지속하기도 합니다. 이러한 놀이 자체의 어려움을 보완하기 위해 다양한 놀이를 시도하고 경험하도록 할 필요가 있습니다.

함께하는 놀이

🌷

놀이는 혼자서도 할 수 있지만 놀이 상대방이 꼭 필요한 놀이가 있습니다. 이런 함께하는 놀이 경험이 쌓이면 아이는 자연스럽게 다른 사람과 같이 놀이하는 방법을 알게 되고, 즐거움을 경험하게 되면서 다음에도 또 같이 놀고 싶은 마음이 생깁니다. 엄마 아빠와 함께할 수 있는 놀이에는 무엇이 있는지 살펴보겠습니다.

함께하는 몸놀이

몸놀이는 놀이 수준이나 언어 발달 수준과 관계없이 모든 아이들에게 좋습니다. 저는 모든 아이와 엄마 아빠에게 몸놀이를 매우 권장합니다. 몸놀이를 싫어하는 아이 없고 몸놀이를 못 하는 어른도 없습니다. 특별한 규칙도 없고, 놀이 방법을 따로 공부할 필요도 없습니다. 준비물도 필요 없습니다. 그저 엄마 아빠의 튼튼한 팔과 다리만 있으면 아이와 신나게 놀 수 있습니다. 몸놀이는 아이의 여러 감각을 자극하기 때문에 쉽게 즐거움을 느낄 수 있고, 스킨십을 통해 애정을 표현할 기회가 많습니다. 그리고 몸놀이는 반드시 상대방이 필요하기 때문에 상호작용을 연습하기에 절호의 기회가 됩니다. 게다가 아이는 놀이 상대방인 엄마 아빠에게 끊임없

자폐 영유아와 함께 놀이하며 성장하기

간지럼	까꿍놀이	잡기놀이	코코코
높이높이	이불놀이	말타기	하이파이브
비행기	위로위로	춤추기	나처럼 해봐요

이 요구해야지만 원하는 놀이를 지속할 수 있기 때문에 훌륭한 의사소통 연습의 장이 됩니다.

아이와 함께할 수 있는 몸놀이 몇 가지를 살펴보겠습니다.

- **간지럼**: 아이를 푹신한 침대나 빈백 등에 눕혀두고 아이와 눈을 맞추며 '간질간질' 간질여주세요. 아이가 깔깔깔 웃으면 멈췄다가 다시 또 간지럽혀 주세요.
- **까꿍놀이**: 아이의 얼굴을 수건이나 인형 등으로 가렸다가 들추면서 '까꿍' '찾았다!' 외쳐주세요. 아이가 눈 가리는 것을 싫어

하면 엄마 아빠의 눈을 가려도 괜찮습니다. 여러 번 반복하면서 '○○이 어디 갔지' 두리번두리번 찾는 척 하다가 까꿍! 하고 찾으면 더 재밌는거 아시죠?

- **잡기놀이**: '○○이 잡자~!!' 하면서 뛰어가는 아이 뒤를 쫓아 달려가세요. 아슬아슬 잡힐 듯 잡힐 듯 놓쳐야 아이들이 더 좋아합니다.

- **코코코**: 아이와 마주 보고, 혹은 거울을 쳐다보면서 아이의 코에 대고 '코코코코…' 하다가 얼굴 부위를 외치며 찾아주세요. '코코코코코코코 눈!' 이러며 눈, 코, 입, 귀 등을 찾아보세요.

- **높이높이**: 이건 자폐 아이들이 특히 너무 좋아하는 놀이인데요. 아이를 안고 엄마 아빠 몸을 등반하게 해주세요. 높이높이 올라갔다가 하나, 둘, 셋! 하고 쑥 내려오면 아주 좋아합니다.

- **이불놀이**: 커다란 담요에 아이를 눕혀놓고 썰매처럼 끌어보거나, 김밥처럼 돌돌 말거나, 그네처럼 옆으로 흔들어주세요. 너무 격하게 하면 너무 흥분할지도 모르니 적당히 흔들어주세요. 김밥 놀이는 압박감을 즐기는 아이들에게 안정감을 줄 수 있는 놀이입니다.

- **말타기**: 아이를 엄마 아빠 등 위에 올려놓고 엉금엉금 기어가보세요.

자폐 영유아와 함께 놀이하며 성장하기

- **하이파이브:** 아이와 손을 마주치며 '하이 파이브~ 얍!'을 외쳐보세요.
- **비행기:** 바닥에 등을 대고 누워 다리 위에 아이를 올려놓고 다리를 위로 올려보세요.
- **춤추기:** 아이 발을 엄마 아빠 발등 위에 올린 후 손을 마주잡고 쿵짝짝 쿵짝짝 춤을 추어보세요.

여기서 제안한 놀이 외에도 수많은 몸놀이가 있습니다. 아이가 무엇을 좋아하는지 모르겠다면 위의 놀이를 하나씩 시도해보세요. 아이와 놀이를 하다 보면 아이가 좋아하는 놀이를 찾게 되고, 아이가 원하는 대로, 엄마 아빠와 즐거운 대로 변형해서 놀이할 수 있습니다.

함께하는 노래

노래를 곁들이면 놀이가 훨씬 즐겁고 풍성해집니다. 아이는 그냥 말하는 것보다 음률이 있는 노래에 더 쉽게 집중할 수 있습니다. 노래 가사에 맞춰 율동을 하면 재미도 있고 아이에게 모방을 가르치는데 아주 유용합니다. 율동은 꼭 정해진 대로 해야 하는 것은 아닙니다. 가사에 맞게 아이가 할 수 있을 만큼 쉽게 만들어서

하면 됩니다. 가사에 율동하는 방법이 다 나와 있는 쉬운 몸놀이
노래 다섯 가지를 소개합니다.

- 머리 어깨 무릎 발
- 눈은 어디 있나 요기
- 우리 모두 다 같이 손뼉을
- 주먹 쥐고 손을 펴서 손뼉치고 주먹 쥐고
- 즐겁게 춤을 추다가 그대로 멈춰라

또 의성어 의태어가 많이 들어간 노래는 아이들이 더 귀 기울
여 듣습니다. 표현을 몸으로 따라 해보는 것도 재미있고 반복되는
말이 나와서 아이와 함께 번갈아가며 부르기에도 좋습니다. 의성
어 의태어가 들어간 노래 다섯 가지를 소개합니다.

- 반짝반짝 작은별
- 통통통통 털보영감님
- 삐약삐약 병아리 음메음메 송아지
- 동물 흉내(오리는 꽉꽉 돼지는 꿀꿀)
- 하얀 자동차가 삐뽀삐뽀

자폐 영유아와 함께 놀이하며 성장하기

함께하는 놀잇감

아이에게 어떤 놀잇감은 어른의 도움이 필요할 때가 있습니다. 이 놀잇감들은 아이가 다양한 언어 표현을 연습할 때 매우 유용하게 사용할 수 있습니다. 아이 혼자서는 할 수 없지만 아이들이 정말 좋아하는 놀이 다섯 가지를 소개합니다.

- 비눗방울 놀이
- 팽이 돌리기
- 풍선 불기
- 바람개비
- 태엽 장난감

엄마 아빠가 놀이를 계획하고 준비한다고 해서 모두 엄마 아빠가 주도하는 놀이인 걸까요? 이는 아이의 주도를 따르는 것과 상반되는 것은 아닌가요? 전혀 아닙니다. 아이에게 새로운 놀이를 알려주는 것은 아이가 스스로 놀이할 수 있는 레퍼토리를 더 넓혀주는 것입니다. 처음 놀이할 때에는 엄마 아빠가 주도해서 놀이를 시작하지만 놀이가 익숙해지면서 점차 아이에게 주도권을 넘겨주면 충분히 아이의 주도를 따르면서도 새로운 놀이를 할 수 있습니다.

놀이 일과 만들기

♥

노래를 한번 불러 볼까요?

곰 세 마리가 한집에 있어 아빠 (   ) 엄마 (   ) 애기 (   )

아빠곰은 (   ) 엄마곰은 (   )

애기곰은 너무 (   ) 으쓱으쓱 (   )

가사를 읽는 순간 머릿속에서 노래가 재생되고 빈칸이 자동으로 채워지셨나요? 왜일까요? 항상 같은 방식으로 노래를 부르기 때문입니다. 만약 멜로디와 가사가 매일매일 바뀐다면 우리는 노래를 즐길 수 있을까요? 늘 어리둥절해 하며 쳐다만 보고 있을 것입니다. 마찬가지로 아이는 익숙한 놀이에 더 적극적으로 참여할 수 있습니다. 항상 동일한 방식으로 놀이를 반복하는 것을 놀이 일과play routine 라고 합니다. 다음에 무엇이 이어질지 아이가 예측할 수 있다면 일과가 만들어진 것입니다. 아이는 놀이 일과 속에서 안정감을 느끼고, 재미있는 상황을 예측하게 되고, 함께하는 놀이를 더 기대하게 됩니다.

놀이 일과는 몸놀이, 노래, 놀잇감을 활용한 놀이 등 다양한 놀이 속에서 만들 수 있습니다.

자폐 영유아와 함께 놀이하며 성장하기

매일 똑같은 놀이 즐기기

앞에서 제안한 놀이는 모두 놀이 일과로 만들 수 있습니다. '코코코코' 놀이를 생각해볼까요? 늘 반복되는 순서가 있습니다. '코코코코' 놀이는 코 만지면서 '코코코코' 소리내기 – 아이 쳐다보기 – 눈맞춤 확인하기 – 신체부위 외치기로 구성됩니다. 매일 똑같이 반복하면 아이는 엄마 아빠가 코에 손만 가져가도 '코코코코' 놀이를 하는 거구나, 하고 예측할 수 있게 됩니다. 눈이 마주치면 그 다음에는 어딘가를 지목하겠구나, 예측하고 즐기게 됩니다.

노래부르기는 대표적으로 반복되는 놀이 일과입니다. 같은 노래를 같은 율동과 함께 반복합니다. '거미가 줄을 타고' 같은 노래나 '악어떼' 같은 노래를 부를 때 이쯤에서 엄마 아빠가 간지럼을 태우겠구나 하면서 반짝이는 눈빛을 보였나요? 놀이 일과가 잘 만들어진 것입니다. 아이들이 좋아하는 동요는 짧은 구절이 반복되고, 그 속에서 상호작용의 기회가 무수히 많이 생깁니다. 엄마 아빠와 아이는 서로를 바라보며 재미있는 멜로디와 리듬에 맞춰 손 유희나 율동을 합니다. 엄마 아빠가 노래를 부르다 멈추면 아이도 숨죽여 기다리고, 노래가 다시 이어지면 즐거운 순간을 함께 누립니다.

놀이 일과에서 가장 중요한 것은 함께 즐기는 것입니다. 놀이 일과는 재미있습니다. 아이만 재미있는 게 아니라 엄마 아빠도 재미있습니다. 엄마 아빠도 웃고, 크게 과장된 몸짓과 표정을 사용하고, 율동이나 몸놀이를 합니다. 또 함께하기를 기대하고 있다가 아이가 놀이 일과에 참여하는 순간 함께 크게 웃습니다. 이런 과정을 통해 아이는 놀이에 더욱 참여하려는 동기가 생깁니다.

놀이 일과 함께하기

놀이 일과는 함께 만들어가는 것입니다. 놀이 일과는 아이가 놀이하는 것을 그저 지켜만 보는 것도 아니고 엄마 아빠가 혼자 재미있게 놀아주는 것도 아닙니다. 처음 놀이 일과를 만들 때에는 아이가 참여할 부분이 별로 없겠지만 반복될수록 아이는 점차 놀이를 예측하게 됩니다. 그때부터는 놀이 일과의 일부분을 아이에게 맡기세요. 엄마 아빠가 코코코코 소리를 내었을 때 아이가 스스로 눈을 맞출 수 있게 기다려주세요. 눈이 마주치면 얼른 '귀!' 신체부위를 외쳐주세요. 아이가 놀이 일과 중 자신의 역할을 훌륭하게 수행하면 또 다른 역할을 맡길 수도 있습니다. 이제는 아이와 눈이 마주치면 아이가 '귀!' 하고 외치는 것입니다. 아이가 놀이 일과의 어떤 부분을 좋아하는지 잘 살펴보고 그에 맞는 역할을 맡겨주세요. 그리고 아이의 놀이 일과가 만들어지면 함께 즐기세요.

자폐 영유아와 함께 놀이하며 성장하기

놀이 일과 발전시키기

놀이가 더 재미있어지려면 놀이 일과를 반복하는 것에서 한 걸음 더 나아가야 합니다. 둘이 합의한 놀이 일과가 정착되면 그때부터는 약간씩 변형을 해보세요. 할까 말까 장난스러운 눈빛을 교환해보세요. 아이가 기대감이 커져서 집중하게 되면 그때 놀이를 시작해보세요. 목소리의 톤이나 속도나 높낮이 등을 변형시켜 아이가 지속적으로 동기를 유지할 수 있도록 해주세요. 아이가 즐거워하기만 한다면 놀이 일과는 쉽게 여러 모습으로 확장할 수 있습니다.

블록 쌓기 놀이를 해볼까요? 엄마 아빠가 쌓으면 아이가 다가와서 무너뜨립니다. 놀이인가요? 훌륭한 놀이 일과입니다. 반복되는 패턴이 있잖아요. 쌓으면-무너뜨린다. 엄마 아빠가 블록을 쌓기 시작하면 아이는 실실 웃으면서 다가옵니다. 이미 그다음에 무슨 일이 벌어질지 알고 있다는 거죠. 엄마 아빠가 '안 돼~~!!'를 외치면 더 좋아하면서 와르르 무너뜨립니다. 처음에 아이는 무너뜨리는 역할만 할 수도 있습니다. 그런데 한참 반복하다가 '너도 하나 쌓아'라면서 건네주면 아이는 다음에 일어날 일을 기대하며 하나 쌓아줍니다. 혹은 '하나 둘 셋' 하고 무너뜨리기를 반복하면 아이는 나중에 셋이 끝나자마자 달려가서 와르르 무너뜨립니다. 반복되는 놀이 일과를 조금씩 확장하면서 아이는 기다리기, 블록 쌓기, 하나 둘 셋 세기, 엄마 아빠와 눈 맞추기, 즐거움 공유하기를 자연스럽게 배웠습니다. 놀이 일과를 함께 즐기면서도 그 안에 아이가 새로운 기술을 배울 수 있는 기회를 넣어주세요.

자폐 영유아와 함께 놀이하며 성장하기

균형 잡힌
차례 주고받기

준영이와 엄마는 준영이가 좋아하는 퍼즐 놀이를 합니다. 준영이는 퍼즐판을 엎어 퍼즐 조각을 모두 꺼낸 뒤 능숙하게 퍼즐을 맞추기 시작합니다. 엄마가 옆에서 '사자는 어디 있지?' 물어보지만 준영이는 반응을 하지 않고 그저 눈앞에 놓인 퍼즐 맞추기에만 집중합니다. 퍼즐을 완성하자 엄마가 옆에서 '와! 준영이 퍼즐 완성!' 하고 박수를 짝짝짝 칩니다. 준영이는 다시 퍼즐판을 엎어 퍼즐 조각을 꺼내고 다시 퍼즐을 맞추기 시작합니다. 엄마가 준영이와 함께 맞추려고 퍼즐을 집어 들자 준영이는 퍼즐 조각을 빼앗아 바닥에 내려놓습니다. 준영이가 기린 조각을 맞추자 엄마가 '기린'이라고 이야기해 줍니다.

세현이와 아빠는 레고 피규어로 경찰관 놀이를 합니다. 아빠가 경찰, 세현이가 도둑을 하기로 했습니다. '나는 경찰이다! 도둑 꼼짝 마!' 아빠의 이야기에 세현이는 '그런데 갑자기 불이 났대'라고 말합니다. '응? 불 안 났는데? 도둑 꼼짝 마!' 아빠의 대답에 세현이는 '아니! 소방차 로이 출동! 아빠, 빨리 살려주세요 해야지'라고 말합니다. 세현이의 놀이는 어떤 놀이로 시작했든 결국엔 소방차 놀이로 변해버리고 맙니다. 아빠는 세현이의 주문대로 '살려주세요! 로이 빨리 와서 불 꺼주세요'라고 이야기합니다.

준영이와 세현이의 놀이는 정말 엄마 아빠와 함께 재미있게 놀이한 게 맞나요? 분명 엄마 아빠와 놀이를 함께 했습니다. 준영이가 퍼즐을 맞추면 엄마가 박수도 쳐주고, 준영이가 맞춘 그림이 무엇인지 이야기도 해주고, 준영이를 따라 퍼즐을 맞추려고 시도도 해보았습니다. 세현이도 마찬가지입니다. 세현이가 하고 싶은 대로 놀이를 전개했고, 세현이가 놀이 주제를 바꾸자 아빠가 세현이를 따라 놀이를 바꿨습니다. 아이의 주도를 따르고, 아이를 따라하는 시도도 했는데 이 놀이는 '함께 재미있게 놀았다'고 하기엔 어쩐지 찜찜한 구석이 있습니다. 무엇이 문제일까요?

함께 놀이한다는 것은 같은 장소에 있는 것만을 의미하는 것은

자폐 영유아와 함께 놀이하며 성장하기

아닙니다. 함께 놀이한다는 것은 놀이를 공유하는 것입니다. 아이의 놀이를 엄마 아빠가 관찰하는 것도 아니고, 아이의 놀이에 엄마 아빠가 그저 끌려가는 것도 아닙니다. 아이와 함께 놀이하는 것입니다. 그런데 준영이와의 놀이에서 엄마는 관찰자, 혹은 중계방송을 해주는 사람에 머물렀고, 세현이와의 놀이에서 아빠는 세현이가 하자는 대로 끌려가기만 했습니다. 물론 이 상황이 아이의 주도 따르기 1일차 연습 상황이었다면 충분히 괜찮은 상황입니다. 하지만 매일매일의 놀이가 이런 식이라면, 아이는 다른 사람과 함께 놀이하고 의사소통하는 방법을 배울 수 있을까요? 이 단계까지 왔다면 이제는 아이도 재미있지만 엄마 아빠도 재미있는 놀이를 하도록 균형을 잡아야 할 때입니다.

균형 잡힌 차례 주고받기

균형 잡힌 차례 주고받기는 아이가 상호작용에서 '주고'-'받는' 것을 이해하도록 돕는 전략입니다. 주고받기는 우리의 삶에서 끊임없이 일어나는 상호작용의 기본 구조입니다. 모든 대화는 주고받기로 이루어져 있습니다. 누군가가 이야기를 하면(주기) 상대방은 대답을 하고(받기), 그 대답(주기)은 다른 사람의 반응(받기)을 가져옵니다. 아이들이 같이 노는 함께 놀이도 역시 주고받기로 이루어져 있으며, 우리의 생활에서 물건 사기, 모임, 춤추기 등도 모두 주고받는 것에 기반을 둡니다. 만약 주기만 한다거나 받기만 한다면, 또 열 번 주고 한 번만 받는다면 상호작용은 어떻게 될까요? 아마도 제대로 이어지기 힘들겠죠.

주고받기는 생애 초기부터 나타나는 기능으로 아이들이 자라면서 점차 더욱 복잡한 주고받기로 발전합니다. 아이들은 옹알이를 시작하면서 소리를 주고받고, 데굴데굴 굴러가는 공을 주고받고, 노래 소절을 주고받고, 역할놀이에서 각자의 대사를 주고받고, 게임의 차례를 주고받습니다. 주고받기를 하기 위해서는 다른 사람이 할 때 기다려야 하고, 자신의 차례가 될 때까지 하고 싶어도 참아야 하고, 서로가 적절한 양을 주고받는 사회적 상호작용 기술이 필요합니다.

자폐 아이들은 자연스러운 주고받기가 어렵습니다. 아이가 한 번 놀이했으면 다음엔 엄마가 놀이할 기회를 주어야 하는데 다시 또 자기가 한다거나, 엄마가 무슨 얘기를 하는지 귀 기울여 듣지 않고 적절한 반응을 하지 않는다거나, 자기가 하고 싶은 말만 계속 한다거나, 하는 이런 모습들은 모두 균형 잡힌 차례 주고받기가 어렵다는 것을 보여줍니다. 그렇지만 이 또한 연습을 통해 충분히 알려줄 수 있습니다. 균형 잡힌 차례 주고받기를 연습함으로써 아이가 다른 사람과 대화를 하고, 관계를 맺고, 놀이를 하고, 학습을 하는 데에 필요한 상호작용의 기본 틀을 만들어 줄 수 있습니다. 균형 잡힌 차례 주고받기를 연습하면 아이는 엄마 아빠가 따라 하는 자신의 모습을 볼 수 있고, 요청하기와 모방하기를 연습할 수 있고, 다시 차례가 돌아오는 것 자체로 강화를 받을 수 있습니다. 아이가 선택한 활동 맥락 안에서 차례 주고받기가 이어진다면 이를 통해 상호성(호혜성)reciprocity을 학습할 수 있습니다.

균형 잡힌 차례 주고받기 전략은 크게 두 가지로 구성됩니다.

① 차례 주고받기
② 역할 균형 맞추기

차례 주고받기

상호작용은 주고-받는 것입니다. 상호작용은 한 사람이 일방적으로 자신이 원하는 것을 요구하고 상대방은 그저 이에 응답해야만 하는 기울어진 관계가 아닙니다. 건강한 상호작용은 주고-받는 역할을 서로 주고-받으면서 이어집니다. 아이의 상호성을 발달시키고 놀이 속에서 학습하기 위해 차례 주고받기를 배우고 익히는 것은 반드시 필요합니다. 그럼 어떻게 하면 아이와 놀이 속에서 차례를 주고받을 수 있을까요?

아이의 주도를 따르고 아이를 모방해보세요

우리는 이미 아이의 주도 따르기와 아이 모방하기 전략을 사용하면서 알게 모르게 차례 주고받기 연습을 했습니다. 얼핏 보면 아이의 주도 따르기와 모방하기는 아이에게 모두 주도권을 내어주고, 엄마 아빠는 그저 아이가 하는 대로 따라가는 것 같습니다. 하지만 아이의 주도 따르기와 모방하기 안에 숨겨진 엄마 아빠의 역할을 발견했다면 차례 주고받기는 이미 절반 이상 성공입니다.

아이의 주도 따르기에서 우리는 아이가 어떤 '놀이를 하면' 함께 집중하고, 의도를 읽어주고, 아이가 표현할 때까지 충분히 기다리다가 아이의 요청이 있을 때 도왔습니다. 아이 모방하기에서는 아이가 어떤 말, 몸짓, 표정, 행동, 놀이를 하기를 '기다렸다가' 그 다음에 아이의 말, 몸짓, 표정, 행동, 놀이를 그대로 따라 하는 연습을 했습니다. 언제요? 아이가 한 '다음에'요. 아이가 무언가를 하면

자폐 영유아와 함께 놀이하며 성장하기

그 다음에 엄마 아빠가 자연스럽게 차례를 이어갔습니다. 아이의 주도를 따르면서 조금만 도와주고 그 다음에 아이가 또 요청하도록 기회를 주었습니다. 아이의 모습을 따라 하면서 아이가 하는 만큼 똑같이 따라 하고, 기대하는 눈빛을 보내면서 아이가 또 소리를 내거나 놀이를 할 수 있도록 하였습니다. 여기에 숨겨진 엄마 아빠의 역할은 바로 이것입니다. 자연스럽게 자신의 차례와 상대방의 차례를 주고받는 상호작용의 기본 틀을 만들어 주는 것입니다. 아이는 놀이 속에서 자신이 무언가를 하면 엄마 아빠가 반응한다는 것을 자연스럽게 배웠습니다. 아이와의 놀이에서 엄마 아빠가 '네 차례' 혹은 '내 차례'라고 서둘러 말하거나 '기다려'라고 티나게 차례를 정하는 대신, 아이에게 기대하는 눈빛을 보내며 기다렸다가 아이에게 반응하고 따라 하면서 자연스럽게 차례를 주고받는 것입니다. 아이에게 이 상호작용의 기본 틀이 몸에 자연스럽게 익을 때까지 수없이 많이 연습해보아야 합니다.

주고받는 놀이 속에서 자연스럽게 차례를 주고받으세요

상호작용의 기본 틀이 익숙해진 다음에는 놀이 속에서 자연스럽게 차례를 주고받는 연습을 해보세요. 처음 연습할 때에는 '주고-받는' 형식의 놀이를 선택하는 것이 좋습니다. 공을 굴리는 놀이는 주고-받는 형식이 잘 드러나는 아주 훌륭한 예입니다. 공이 누구 손에 있느냐에 따라 주도권이 바뀌고, 공을 가진 사람이 주도권을 가지고 있다는 것을 눈으로 볼 수 있습니다. 아이가 공을 쥐고 있을 때 그 공은 아이의 맘대로 할 수 있습니다. 공을 세게 굴릴 수도 있고, 살살 굴릴 수도 있고, 던질 수도 있고, 발로 찰 수도 있습니다. 그리고 엄마 아빠에게 공이 전달되면 그 공은 엄마 아빠 맘대로 할 수 있습니다. '공 간다, 받아'라고 하며 아이에게 굴릴 수도 있고, 줄까 말까 주는 척하다 거둬들일 수도 있습니다. 아이가 공을 쥐고 있을 때 엄마 아빠는 아이가 원하는 대로 주도하는 것을 지켜보고, 기다리는 역할을 합니다. 그리고 엄마 아빠에게 공이 건네지면 아이는 엄마 아빠의 주도에 따릅니다. 이런 식으로 놀이의 원래 형태가 주고받는 식이면 놀이를 하는 것만으로도 차례를 주고받는 경험과 연습을 쉽게 할 수 있습니다.

가장 쉬운 형태의 주고-받는 놀이는 풍선 놀이, 자동차 놀이, 종이 비행기 날리기 등이 있습니다. 차례를 기다릴 수 있는 아이라면 자동차 트랙이나 구슬 굴리기를 차례를 번갈아가면서 하는 것도 좋습니다.

역할놀이는 우리가 원하는 궁극적인 놀이 목표이자 주고-받는 놀이의 꽃입니다. '어서 오세요'-'안녕하세요'-'뭐 드릴까요?'-'사

자폐 영유아와 함께 놀이하며 성장하기

과 주세요'-'여기 있습니다'-'고맙습니다'-'안녕히 가세요'-'안녕히 계세요'로 이어지는 역할놀이는 두 사람 이상이 각자의 역할 속에서 주도권을 주고받으며 놀이합니다. 자신의 차례일 때엔 자신이 하고 싶은 대로 상황을 가정할 수 있고, 상대방의 차례일 때엔 상대방이 하는 말에 귀를 기울여야 합니다.

역할 균형 맞추기

❤

엄마 아빠의 역할을 찾으세요

혼자서도 잘 노는 아이가 엄마 아빠와 함께 놀도록 하기 위해서는 어떻게 해야 할까요? 우선은 아이의 주도를 따라야 합니다. 그리고 놀이 속에서 엄마 아빠의 역할을 찾아보세요. 꼭 똑같은 놀이를 한 번씩 번갈아 하는 것만이 차례를 주고받는 것은 아닙니다. 자연스럽게 쿵짝을 맞춰 놀이하는 것은 모두 차례를 주고받는 것입니다. 어떻게 하면 퍼즐놀이를 함께할 수 있을까요? 준영이에게 퍼즐을 통째로 주는 대신 퍼즐을 엄마가 가지고 있어보세요. 한 조각을 맞춘 다음 준영이는 엄마에게 달라고 해야 합니다. 준영이가 요청하면-엄마가 건네주고-준영이가 받아서 맞춥니다. 놀이 속에 엄마가 들어갈 자리가 생겼습니다.

도움이 필요한 놀이도 놀이 속에 엄마 아빠의 역할을 넣기 아주 좋습니다. 풍선을 불어 날리는 놀이를 해볼까요? 아이는 스스로 풍선을 불 수 없습니다. 엄마 아빠에게 요구를 해야 합니다. 아빠에게 풍선을 건네 주고 아빠가 풍선에 바람을 넣을 때까지 기다려야 합니다. 주도권이 아빠에게 있습니다. 바람을 다 넣은 풍선은 아빠가 쥐고 있다가 '하나, 둘…' 하면 준영이가 '셋!' 하고 외칩니다. 준영이의 주도에 따라 풍선이 날아갑니다. 슝~ 와! 준영이는 바닥에 떨어진 풍선을 주워 다시 아빠에게 달려갑니다.

엄마 아빠가 함께하는 몸놀이도 함께 놀이하기 참 좋습니다. 이불김밥 놀이를 해보세요. 아이는 이불에 누워 엄마 아빠에게 김밥 놀이를 해달라고 요구하고, 기다립니다. 엄마 아빠가 묻습니다. '무슨 김밥 해드릴까요?' 아이가 대답합니다. '치즈김밥이요' 그러면 엄마 아빠가 돌돌 말아 꾹꾹 눌러줍니다. '하나, 둘, 셋! 탈출!' 아이는 다시 눈을 반짝이며 엄마 아빠를 쳐다봅니다. "또!"

어느새 아이의 놀이를 지켜보거나 아이가 잘 놀 수 있도록 돕는 것에서 나아가 '아이와 함께 노는 엄마 아빠'를 발견하게 될 것입니다. 아이의 놀이 속에서 분명한 역할을 차지하게 됩니다. 아이는 엄마 아빠랑 놀면 더 재밌다는 것을 알고 놀이 속에 엄마 아빠

자폐 영유아와 함께 놀이하며 성장하기

의 자리를 내어줍니다.

서로 균형을 맞추세요

함께 놀기 위해서는 차례를 주고받아야 합니다. '엄마 아빠 한 번-아이 한 번'이 차례 주고받기의 기본이지만 꼭 50:50으로 주고받아야 하는 것은 아닙니다. 처음 시작할 때 아이의 놀이에 끼어드는 상황이라면 아이가 더 많이 하고 엄마 아빠는 조금 살짝 참여하고, 엄마 아빠가 주도하는 놀이 일과라면 아이가 조금만 참여해도 놀이가 이어질 수 있도록 해주세요. 아이가 차례 주고받기에 점차 익숙해지면 주고받기에 균형을 잡아보세요.

함께 놀기 위해서는 적당히 주도권을 주고받아야 합니다. 서로 주도권을 주고-받음으로써 아이는 엄마 아빠의 통제 안에 있는 무언가를 얻기 위해 더욱 놀이에 참여하게 되고 이는 아이 안의 사회적 동기를 높일 수 있습니다. 하지만 엄마 아빠가 모든 것을 다 통제한다면 아이는 활동이나 놀잇감에 대한 흥미를 잃고 떠날 수도 있습니다. 적절히 주도권을 주고받는 것이 이 전략의 핵심입니다. 아이는 균형 잡힌 차례 주고받기 안에서 더욱 자발적으로 놀이에 참여하게 되고, 서로의 의도를 이해하고 공유하게 되면서 의사소통의 질이 높아집니다.

관심의 초점
넓히기

유찬이는 참 키우기 쉬운 아이였습니다. 시간표만 잘 맞추면 잘 먹고 잘 자는 아이였고, 좋아하는 음식이 몇 가지 있어서 그것만 해주면 밥도 한 그릇 뚝딱 먹었습니다. 어디 한 군데 까탈스럽기는 커녕 다쳐도 툭툭 털고 일어나는 아이였습니다. 유찬이는 엄마 아빠에게 안아달라거나 놀아달라고 보채는 일도 없이 장난감 소방차 하나면 혼자서 사부작사부작 하루 종일 즐겁게 보냈습니다. 그래서 어린이집에서 또래와 놀이하지 못한다고 검사를 권유받았을 때, 병원에서 자폐라는 진단을 받았을 때, 유찬이 엄마 아빠는 정말 큰 충격을 받았습니다. 이렇게 얌전한 아이가, 소방차 출동 놀

자폐 영유아와 함께 놀이하며 성장하기

이를 즐기는 아이가 자폐라고?

진단을 받은 뒤 유찬이를 찬찬히 살펴보니 그제서야 남들과 다른 모습이 보였습니다. 조용하게만 보였던 유찬이는 놀이하는 방식이나 흥미를 보이는 주제가 또래와는 조금 달랐습니다. 소방차의 사이렌 소리에 매료된 유찬이는 종일 사이렌 소리를 듣고 따라 하며 놀이했습니다. 소방차 출동 놀이도 다시 보니 만화영화 로보카 폴리에서 즐겨본 로이와 엠버의 에피소드를 재현하는 것이었습니다. 심지어 대사까지 그대로 따라 하며 놀이했습니다. 엄마 아빠의 제안대로 경찰 놀이를 하다가도 이내 소방차 출동 놀이로 돌아왔습니다. 놀이에서 유찬이는 언제나 로이 역할, 엄마 아빠는 유찬이가 시키는 대로 엠버 역할을 했습니다. 가정에선 엄마 아빠가 유찬이의 놀이에 맞춰주니 특별한 문제 상황이 없었는데 어린이집에서는 유찬이의 어려움이 드러났습니다. 유찬이는 친구들의 놀이에 관심을 보이지 않았고, 어쩌다 같이 놀이를 시작해도 잘 참여하지 못하고 금방 빠져나오게 되었습니다.

유찬이처럼 자기 주변에 존재하는 다양한 자극 중 일부 특정한 자극에만 집중하고 반응하는 경향을 자극 과잉선택성overselectivity이라고 합니다. 이러한 특성은 자신이 집중하는 자극에만 지나치게 높은 주의 수준을 보이며 그 외의 자극은 아이에게 잘 영향을 미치지 못하는 모습으로 나타납니다. 유찬이의 소방차 사랑은 과잉선택성의 한 예로, 소방차에 대한 엄청난 사랑은 유찬이가 주변 환경에서 소방차 외의 다른 주제나 활동에 관심을 두거나, 참여하는 것을 방해할 수 있습니다. 과잉선택성은 아주 작은 자극에도 나타날 수 있습니다. 수현이는 매일 머리를 묶고 다니는 친구가 머리를 풀고 나타나면 그 친구를 알아보지 못했습니다. 친구의 여러 가지 특징 중에서 머리를 묶었다는 것에만 집중한 것입니다.

자극의 과잉선택성은 자폐 아이가 의사소통을 하고 놀이를 하는데 부정적인 영향을 미치기 쉽습니다. 특정 주제나 자극에만 주의를 기울일 경우 다양한 주제나 자극에 대한 지식과 경험이 제한되어 새로운 것을 배우기 어려울 수 있으며, 극히 일부 영역에 대한 관심으로 인해 다른 사람과의 대화나 상호작용에 어려움을 겪을 수 있습니다. 그뿐만 아니라, 자극의 과잉선택성은 아이가 특정 자극에만 주의를 기울이게 하여 새로운 환경이나 상황에서의 경험이 부족하게 되어 일반화generalization의 큰 걸림돌이 됩니다. 자극의 과잉선택성이 높을수록 아이는 다양한 자극에 대해 관심이 낮기 때문에 다양한 상황에서 일반화가 어렵습니다. 다행히 최근의 연구에 따르면 자극의 과잉선택성은 발달 수준과 높은 관련이 있으며, 아이가 점차 발달함에 따라 어려움이 줄어들 수 있다고 합니

자폐 영유아와 함께 놀이하며 성장하기

다.[19] 자폐 성향을 가지더라도 체계적인 지원이 주어진다면 관심의 초점이 점차 넓어질 수 있다는 말입니다. 그렇다면 어떻게 아이의 관심을 넓힐 수 있고, 어떻게 지원해야 할까요?

관심의 초점 넓히기

자폐 아이 교육에서 가장 중요한 세 가지 요소는 일반화, 일반화, 일반화라고 이야기합니다. 일반화가 그만큼 중요하고 어렵다는 표현입니다. 일반화는 아이가 배운 기술을 익숙하지 않은 상황에서도 지속적으로 사용하는 것을 말합니다. 우리 아이들은 집에서 아무리 잘해도 밖에서 못 하거나, 반대로 치료실에서 선생님과는 잘할 수 있는데 집에 돌아와서는 그렇지 못할 때가 많습니다. 일반화가 안 되는 것입니다.

관심의 초점 넓히기는 아이가 폭넓은 이해를 할 수 있도록 다양한 맥락에서 여러 예시를 활용하여 가르침으로써 일반화를 촉진하는 전략입니다. NDBI는 일상적이고도 변화무쌍한 놀이 상황에서 중재하는 것이기 때문에 일반화에 매우 효과적입니다. 그렇지만 아무리 자연적인(일상적인 환경) 상황에서 놀이를 한다고 하더라도 늘 소방차만 가지고, 늘 로이와 엠버가 출동하는 놀이만 한다면 관심의 초점이 자연스럽게 넓어질 수는 없습니다. 그래서 체계적인 지원이 필요합니다. 아이가 일상의 다양한 상황에서, 다양한 방법으로 자극을 접하고, 즐겁게 하는 놀이 안에서 그동안 배운 것을 사용할 수 있도록 지원해주세요.

관심의 초점을 넓히는 전략은 크게 세 가지로 구성됩니다.

① 다양한 자료와 방법 사용하기
② 다양한 지시 단서 사용하기
③ 특별한 관심 영역 활용하기

다양한 자료와 방법 사용하기

관심의 초점을 넓히기 위해서는 다양한 자극을 접할 수 있는 기회를 주어야 합니다. 어떤 개념을 아이가 폭넓게 이해하고 다른 여러 상황에서도 사용하도록 알려주기 위해서는 한 가지 개념을 가르칠 때에도 다양한 자료와 방법을 사용해야 합니다.

다양한 자료를 사용하기

어떻게 하면 아이에게 '자동차'를 알려줄 수 있을까요? 많은 아이들이 플래시카드를 보면서 '공부'합니다. 엄마 아빠, 혹은 선생님이 카드를 보여주면서 '이거 뭐야?'라고 물으면 그림을 보고 '자동차'라고 하고, 마이쮸 한 조각을 얻어먹습니다. 그렇지만 일반화가 어려운 아이의 경우 플래시카드에서 늘 봐왔던 빨간 자동차가 아닌 그림책 속 다른 자동차를 보면 그것이 자동차인지 알지 못합니다. 세상에 있는 수많은 자동차들이 다 자동차라는 것을 알게 하려면 처음 가르칠 때부터 다양한 자동차를 보여주고 이것들이 모두 자동차라는 것을 알려주어야 합니다.

놀이 속에서 엄마 아빠가 다양한 자동차를 가지고 놀이하면서 '자동차'라는 것을 함께 알려주면 다양한 모양과 색깔을 가져도 문이 있고, 바퀴가 있고, 사람이 타는 곳이 있다면 모두 '자동차'라는 것을 아이가 알 수 있습니다. 빨간 자동차, 까만 자동차, 버스, 트럭, 택시, 굴착기, 스포츠카를 보여주면서 이것들이 모두 자동차라고 알려주세요. 큰 자동차도 있고, 작은 자동차도 있다는 것도 알려주세요. 각자의 특징과 이름을 아는 것도 무척 중요한 일이지만 간혹 아이들 중에 버스는 버스일뿐 자동차가 아니라고 잘못 이해하는 아이도 있습니다. '자동차 놀이 하자! 어떤 자동차 가지고 놀까?' 다양한 자동차를 가지고 놀이해주세요.

다양한 차종이 있는 미니카 세트만 있으면 충분할까요? 아니요. 좀 더 다양한 자료를 활용해보세요. 그림책 속에 있는 자동차도 보여주고, 아이가 자동차에 타고 있는 사진도 보여주세요. 함께 TV를 보면서도 '빵빵 자동차네!' 이야기해주세요. 자동차 스티커도 붙이고 자동차 도장도 찍어보세요. 산책을 하면서 길에 다니는 자동차를 보고 함께 이야기를 나눠보세요. 자동차가 내는 다양한 소리도 들려주세요. 부릉부릉, 빵빵, 탈탈탈탈, 끼이익. 아이는 이런 자동차도 있고, 저런 자동차도 있다는 것을 알게 되면서 아이의 세계 안에 자동차라는 개념을 형성해 나갑니다.

다양한 상황에서 놀이하기

아이가 즐겨하는 놀이가 생겼나요? 놀이를 조금씩 확장해보세요. 아이가 트랙에서 자동차 굴리기를 즐겨 하나요? 미끄럼틀에서도 자동차를 굴려보세요. 바퀴가 달린 기차도 굴려보고, 공도 굴려보세요. 아이는 한 가지 기술 '굴리기'를 배웠을 뿐인데 다양한 놀이를 할 수 있게 되었습니다. 바깥 놀이를 나갈 때 작은 돌을 주워 경사진 곳에서 또르르 굴려보세요. 집에서 하던 놀이가 밖에서도 이어집니다.

자폐 영유아와 함께 놀이하며 성장하기

아이가 엄마와 놀이가 익숙해졌나요? 그렇다면 이번엔 같은 놀이를 아빠와 해보세요. 놀이 상대가 달라졌을 때도 잘 놀이할 수 있어야 나중에 다른 친구들과도 놀이할 수 있습니다. 같은 놀이인데 엄마와는 잘 되는데 아빠와는 잘 되지 않을 때 어떤 점이 다른지 비교해보세요. 익숙한 놀이 상대는 아이에게 알아서 맞춰주는 일이 많습니다. 익숙한 놀이이기 때문에 아이가 특별히 무언가 요구하거나 표현하지 않아도 알아서 다음으로 진행하게 됩니다. 찰떡같이 아이의 마음을 알아채는 것은 아주 소중한 일이지만 다른 사람들과도 어울려 놀이할 수 있도록 돕는 것 역시 매우 중요한 일입니다. 아이가 늘 정해진 패턴대로 정해진 사람과만 놀이하는 것에서 나아가 다양한 사람과 다양하게 놀이할 수 있도록 해주어야 합니다. 그래서 저는 엄마만, 혹은 아빠만 놀이하라고 하지 않습니다. 엄마 아빠는 최소한이고, 할머니, 형제자매, 동네 친구 등 아이의 자연적(일상적) 환경 안에 있는 사람이라면 함께 놀이할 기회를 만들어주기를 권합니다.

유치원, 어린이집, 치료실 등에서 새로 배운 놀이가 있다면 집에서 비슷한 놀잇감을 가지고 다시 놀이해보세요. 선생님과 함께했던 놀이를 집에서 엄마 아빠와 해보면서 진정한 아이의 놀이가 됩니다. 반대로 가정에서 잘하게 된 놀이가 있다면 유치원, 어린이집 선생님과 공유해 보세요. 아이가 이미 즐겁게 해본 경험이 있다면 기관에서도 익숙하게 잘 해낼 것입니다.

다양한 방법으로 놀이하기

자폐 아이 중에도 역할놀이를 즐겨하는 아이가 있습니다. 유찬이가 소방차 출동 놀이를 하듯 놀이동산 놀이, 유치원 놀이, 생일 축하 놀이, 소꿉놀이, 병원놀이 등 다양한 상상 놀이를 하는 아이들이 있습니다. 그런데 놀이를 자세히 살펴보면 정해진 순서대로 이야기가 진행되는 경우가 종종 있습니다. 아이가 경험한 대로, 아이가 어디서 보고 배운 대로 패턴을 반복하며 놀이하는 것입니다. 아이가 더 재미있고 다양한 놀이를 하기 위해서는 다양한 방법으로 놀이할 기회를 주어야 합니다.

지금까지 함께 놀기에서 연습했던 다양한 전략들을 활용해서 아이에게 새로운 놀이를 알려주세요. 아이의 주도를 따라 아이가 놀이하는 대로 따라가다가 모델링을 통해 놀이를 확장해주세요. 늘 같은 역할, 같은 순서, 같은 방법으로 놀이하고 있다면 조금씩 놀이를 바꿔보세요. '오늘은 엄마가 의사선생님 할게' 역할을 바꿔 놀이해보세요. '오늘은 손가락이 아파요' 다른 상황을 가정해보세요. '곰돌이도 아파서 왔대' 새로운 놀이 전개를 경험하게 해주세

자폐 영유아와 함께 놀이하며 성장하기

요. '사진 먼저 찍고 주사 맞을게요' 고정된 패턴을 깨주세요. 잘 흘러가던 놀이를 방해하면 아이의 눈빛이 흔들립니다. '이건 뭐지? 어떻게 하라는 거지?' 이럴 때 중요한 것 잊지 않으셨죠? 지금 하고 있는 놀이가 엄청 재밌어야 합니다. 새롭게 제안하는 놀이가 엄청 재밌어야 합니다. 그래야 엄마 아빠가 다른 것을 제안할 때 못이기는 척 한번 해볼까 싶은 생각이 듭니다. 매번 병원에 가서 '감기 걸렸어요' '어디 한번 봅시다' 청진기 대보고, 입 속 한 번 들여다 보고, 주사 맞는 놀이를 했다면 이번에는 손가락을 다친 환자에게 밴드를 붙여주는 놀이를 해보세요. 아이는 신기하고 재미있는 놀이에 기꺼이 참여하게 됩니다.

다양한 방식으로 말하기

우리는 다른 사람과의 의사소통에서 같은 의미를 지닌 여러 가지 말을 사용합니다. '굿모닝' '좋은 아침' '안녕' '밥 먹었어?' '어떻게 지냈어?' 등 모두 다 '만나서 반갑다'는 의미의 말입니다. '배고파' '뭐 먹을 것 좀 있나?' '입이 허전하다' 이런 말들은 모두 먹을 것을 요청하는 의미입니다. 그냥 반갑다고 하면 되고, 먹을 것 좀 달라고 하면 깔끔할텐데, 우리 아이들이 사는 세상은 그렇게 단순하지만은 않습니다. 아이가 다른 사람과 명확하게 의사소통을 하고 적극적으로 상호작용에 참여하게 하려면 아이가 이 복잡미묘한 말을 접할 필요가 있습니다. 또한, 아이는 같은 말이라도 어디서 누구와 이야기하느냐에 따라 다르게 표현해야 한다는 것을 알아야 합니다.

다양한 지시 단서를 사용하세요

아이가 세상을 살면서 접하게 될 다양한 유형의 표현을 알 수 있게 하기 위해서는 엄마 아빠가 아이와 놀이할 때 다양한 지시 단서를 활용하는 것이 좋습니다. 즉, 동일한 내용이라도 약간 다른 여러 가지 방식으로 말해야 합니다. 다양한 지시 단서를 사용하면 과잉선택성으로 나타날 수 있는 자극에 대한 고정된 반응 패턴을 극복하도록 돕습니다. 또, 아이가 특정 주제나 활동에만 국한되지 않고 다양한 경험을 쌓도록 도와줍니다.

놀이 속에서 다양한 형태의 지시나 힌트를 사용하면 아이가 상황에 민감하게 반응할 수 있도록 도울 수 있습니다. 지시 단서라고 이야기를 하니 어쩐지 어렵게 느껴지지만 사실은 우리가 일상생활에서 이미 자유자재로 사용하고 있는 것들입니다. 아이와 블록 놀

자폐 영유아와 함께 놀이하며 성장하기

이를 한다고 가정해봅시다. 엄마가 놓은 빨강 블록 위에 아이가 파랑 블록을 쌓아 올리게 하고 싶습니다. 어떻게 하면 좋을까요? 제일 먼저, 대놓고 말할 수도 있습니다. 파랑 블록을 건네 주면서 "파랑 블록 쌓아"라고 할 수도 있습니다. 또는 "어떤 블록 쌓을까? 파랑 블록 어딨나?" 이런 간접적인 말들로 파랑 블록을 쌓으라는 의미로 사용할 수 있습니다. 엄마가 파랑 블록을 쌓는 모습을 보여주는 모델링을 할 수도 있고, 아무 말 없이 파랑 블록을 건네줄 수도 있습니다. 빨강 블록 위를 손가락으로 가리킬 수도 있고, 조용히 미소지으면서 기대하는 눈빛을 보낼 수도 있습니다. 아이는 엄마가 직접적으로, 혹은 간접적으로 보내는 사인을 알아채고 파랑 블록을 쌓아올립니다.

아래의 지시 단서[20]는 우리가 세상을 살아가면서 맞이하게 되는 대표적인 의사소통 방법입니다. 이를 참고하여 아이에게 적합한 방법을 찾아보세요.

지시	내용	예시
몸짓/놀이 모델링	행동을 모델링하기	인형에게 컵으로 먹이는 시늉을 한다
말 모델링	아이가 했으면 하는 말을 그대로 모델링하기	아이가 컵에 손을 뻗을 때 "컵"이라고 말한다

지시	아이가 했으면 하는 행동을 아이에게 지시하기	"아기에게 물 줘"라고 말한다
질문	아이에게 물어보기	"아기에게 물 줄까? 주스 줄까?" 라고 물어본다
얼굴 표정	눈을 크게 뜨고 아이에게 기대하는 표정을 보이며 기다리기	인형을 안아 들고 기대하는 표정으로 아이를 바라본다
언급	아이가 어떤 행동을 할만 한 상황에 대해 언급	"아기가 배고프대"라고 말한다
상황 설정	아이가 특정 행동을 할만한 상황을 설정하기	인형, 컵, 주스를 아이의 테이블 위에 올려놓는다

지시는 한 번에 한 가지만 사용할 수도 있지만, 다양한 지시를 동시에 복합적으로 사용할 수도 있습니다. 아이가 지시 단서에 익숙해지면 두 가지 이상의 지시를 동시에 사용해보세요.

이러한 다양한 지시 단서를 사용함으로써 아이는 자극에 대한 과잉선택성을 극복하고, 여러 자극에 관심을 기울이며 학습을 확장할 수 있습니다. 그뿐만 아니라 아이가 일상생활에 보다 더 효과적으로 참여하고 소통할 수 있도록 도울 수 있습니다.

자폐 영유아와 함께 놀이하며 성장하기

특별한 관심 영역 활용하기

♥

아이가 특별한 관심 영역을 가질 때, 그 영역의 주제나 활동에 대한 과잉선택적 반응을 보일 수 있으며, 특별한 관심 영역에 대한 지나친 몰입으로 인해 다른 자극에는 무관심해질 수도 있습니다. 이러한 특성으로 인해 특별한 관심 영역은 그냥 두면 관심의 초점을 제한할 수도 있지만, 이를 잘 활용하면 관심의 초점을 넓히는 데 유용한 통로가 됩니다.

유찬이 엄마 아빠는 유찬이가 좀 더 다양하게 놀이했으면 좋겠고, 다른 사람과 같이 놀이했으면 좋겠다는 생각을 했습니다. 블록 놀이도 하고 그림도 그렸으면 했습니다. 그런데 유찬이는 그런 데에는 전혀 관심이 없었습니다. 엄마 아빠가 함께 블록 놀이를 하자고 해도 잠깐 구경하다 가버렸고, 동그라미를 따라 그리면 사탕을 준다고 해도 크레파스를 잡는 둥 마는 둥 가버리기 일쑤였습니다. 아이가 관심이 없는데 다양한 자극을 어떻게 접하게 할 수 있을까요? 바로 아이의 관심이 있는 곳부터 시작하면 됩니다. 유찬이의 특별한 관심 영역은 소방차였습니다. 엄마 아빠는 유찬이와 함께 소방차 출동 놀이를 시작했습니다. 처음에는 유찬이가 평소에 놀이하던 그대로 도로 매트의 어느 건물에 불이 나고, 로이와 엠버가 출동하는 식의 놀이를 반복했습니다. 그러다 놀이가 익숙해질 때쯤 도로 매트 위에 블록으로 건물을 만들어 주었습니다. "엄청 높은 건물에 불이 났대"라면서 자연스럽게 놀이 안에 새로운 놀이를 끼워 넣었습니다. "곰돌이네 집에 불이 났어요. 도와주세요!"라면서 매트 위에 건물을 짓기 시작했습니다. 유찬이의 소방차 출동 놀이는 평면에서 입체로 변해갔습니다. 처음에는 엄마 아빠가 건물을 지어주면 그곳에 출동만 했었는데 여러 번 놀이를 반복하면서 유찬이도 함께 건물을 짓기 시작했습니다. 어느새 유찬이는 블록 쌓기를 즐기게 되었습니다. 건물을 짓고, 다리를 만들고, 도로를 만들어가면서 유찬이의 놀이가 더 복잡해졌습니다. 유찬이가 블록 놀이에 익숙해지자 엄마 아빠는 다음 단계인 그림 그리기를 시도해보기로 했습니다. 평소 유찬이가 주유소 가는 것을 좋아하는 것을 활용해 소방차가 임무를 마치고 복귀하는 길에 주유소를 만들어 주었습니다. 블록으로 주유소를 만들고 주유기를 그려 붙여주었습니다. 그리고 유찬이에게 주유기에 나오는 가격을 적어달라고 했습니다. 매일매일 엄마 아빠는 주유기를 그리고 유찬이는 가격 적기를 반복하다 어느날 유찬이에게 주유기를 색칠해 보자고 제안했습니다. 유찬이는 신나게 주유기를 칠해서 꾸며 주었습니다. 이제 유찬이 놀이방엔 유찬이가 만든 마을이 있습니다. 주유소도 있

자폐 영유아와 함께 놀이하며 성장하기

고, 놀이터도 있습니다. 유찬이의 소방차 출동 놀이는 어느새 엄마 아빠와 마을의 여러 곳을 탐방하는 자동차 놀이로 변했습니다.

아이의 관심의 초점을 넓히는 것도 역시 즐거운 놀이 속에서 할 때 가장 효과적입니다. 아이가 무엇을 좋아하는지, 무엇을 잘하는지 잘 살펴보세요. 아이에게 맞는 답을 찾을 수 있습니다. 집과 일상 환경에서 의사소통과 사회적 기술을 배우고 익히게 만들 실마리를 찾을 수 있습니다.

Learn

행동 학습의 기초,
ABC

서윤이네 가족이 마트에 갔습니다. 장을 보러 가는 길에 장난 감 코너가 보입니다. 서윤이가 '어어' 하고 가리키자, '그래, 잠깐 구경만 하는 거야. 오늘은 아무것도 안 사!' 다짐을 받고 장난감 코너에 들어섭니다. 서윤이는 이것저것 구경하다 로보트 앞에 서서 사고 싶다는 강력한 눈빛을 보냅니다. 엄마는 '오늘은 안 돼. 구경만 하기로 했어' 하고 이야기합니다. 서윤이는 더욱 강력한 눈빛과 함께 '으으응!!' 소리를 냅니다. '안 된다 했지, 오늘은 구경만 하고 다음에 사자' 엄마도 오늘은 만만치 않습니다. '안 돼' 결국 서윤이는 마지막 필살기를 씁니다. '와아앙!' 마트에 드러누운 서윤이, 당황한 엄마. 둘의 대치는 오늘도 엄마의 패배로 끝납니다. '오늘만 사는 거야. 다음엔 절대 안 사준다!' 로보트를 꼭 쥔 서윤이는 웃으면서 대답합니다. '응!'

돌아오는 길에 엄마는 생각합니다. '드러눕는 건 도대체 어디서 배운 걸까? 아무도 그런 걸 하는 사람이 없는데 어디서 보고 배운 걸까?' 그러면 서윤이는 어떻게 배운 걸까요?

아이들은 매일매일 새로운 것을 배웁니다. 앞서 살펴본 바와 같이 아이들은 다른 사람의 소리, 표정, 몸짓, 놀이를 보고 따라 하면서 다양한 기술을 익힙니다. 또 다른 방법도 있습니다. 다른 사람이 하는 것을 보지는 않았지만, 자신의 행동에 대한 다른 사람의 반응을 통해 배웁니다. 아이가 어떤 행동을 했을 때 다른 사람의 '반응'이 자신의 의도와 맞아 떨어지면 아이는 같은 상황이 벌어졌을 때 자신이 원하는 바를 이루기 위해 동일한 행동을 시도/반복/지속 할 수 있습니다. 위 사례에서 서윤이는 처음엔 속상한 마음에 드러눕고 울었던 것인데 얼떨결에 '마트에서 드러누우면 내가 원하는 것을 얻을 수 있구나'라는 것을 학습한 것이라고 볼 수 있습니다.

자폐 영유아와 함께 놀이하며 성장하기

행동의 3요소, ABC

❦

NDBI의 Bbehavior 요소인 응용행동분석ABA에서는 행동을 생각할 때 행동 뿐 아니라 행동 앞뒤의 상황을 함께 살펴봄으로써 행동의 의미를 파악합니다. 행동 앞의 상황은 선행사건Antecedent으로, 행동이 일어나기 직전에 주어지는 자극 또는 사건을 말합니다. 행동Behavior은 '기분이 나쁨' '하기 싫음' 등의 상태가 아니라 '웃는다' '먹는다' '눕는다' 등의 눈으로 직접 볼 수 있는 어떤 움직임을 의미합니다. 행동 뒤의 상황은 후속결과Consequence로, 행동에 따라 주어지는 결과를 말합니다. 선행사건-행동-후속결과를 이어서 살펴보는 것을 각각의 머릿글자를 따 'ABC 분석'이라고 합니다.

낯설고 어려운 개념인 것 같지만 ABC 분석은 우리가 일상생활에서 자연스럽게 사용합니다. 갓난 아기가 울어요. '왜 울지? 배가 고프구나. 그럼 우유를 주어야겠네' 아기가 울기 전과 후에 무슨 일이 벌어졌는지 확인하는 것이 바로 ABC 분석입니다.

그렇다면 서윤이의 행동을 ABC 분석을 통해 살펴볼까요?

어떤 상황: 마트에서 로보트를 사고 싶은 상황

A: 엄마가 안 된다고 함

B: 마트에 드러누움

C: 엄마가 로봇트를 사줌

어쩌다가 아이가 그런 행동을 했는지 알고 싶다면 선행사건(A)을 확인하면 됩니다. 서윤이는 엄마가 거절하니까 드러누운 거군요. 왜 그랬는지 알고 싶다면 후속결과(C)를 확인하면 됩니다. 서윤이는 드러누움으로써 원하는 장난감을 얻었습니다. 성공적인 시도였습니다. 아무도 서윤이에게 드러누워 우는 모습을 보여주거나 '네가 드러누워서 울면 엄마가 네가 원하는 것을 사줄거야'라고 직접 말한 적은 없지만 서윤이의 드러눕는 행동은 후속결과를 통해 '원하는 것을 얻을 수 있다'는 기능을 새로 가지게 됩니다. 다음에 또 마트 장난감 코너에 방문한다면 서윤이는 어떻게 할까요? 당연히 눕겠죠? 자신이 원하는 것을 얻을 수 있는 효과적인 방법인 것을 알게 되었으니까요.

아이는 어떤 상황에서의 자신의 행동과 그에 따른 반응을 통해 배웁니다. 백 마디 말보다 강력한 것이 한 번의 행동입니다. 그래도 두 번은 안 사줄 거라고 버텼으니 다음에는 덜 울지 않을까요? 아니요, 아이는 여러 번의 고비가 있었지만 결국 '내가 울었더니 로봇트를 샀다'를 기억하게 됩니다.

자폐 영유아와 함께 놀이하며 성장하기

또 하나 예를 들어볼까요? 두 돌이 지난 서준이가 잠자리에 드는 시간이 점점 늦어지는데요, ABC 분석을 해보니 다음과 같았습니다.

어떤 상황: 잠자리에 들어야 하는 상황

A: 엄마가 잘 시간이라고 말함

B: 우유를 달라고 함

C: 엄마가 우유를 주고, 우유를 다 마신 다음에 잠

이미 두 돌이 지난 서준이는 자기 전에 우유를 마셔야 할 필요가 없는데, 왜 우유를 달라고 했을까요? 엄마가 자야 한다고 하니 싫었나 봅니다. 서준이가 우유를 달라고 하는 행동은 어떤 기능을 할까요? 지금 당장 침대에 누워야 할 상황을 피할 수 있는 좋은 방법인 것입니다. 방금 서준이는 잠자리에 들지 않기 위해 우유를 달라고 하면 된다는 것을 배웠습니다.

ABC 분석은 아이 행동의 의미를 이해하는 첫 걸음이기도 하지만, 적절한 행동을 가르치는 시작점이 되기도 합니다. 그렇다면, 좋은 행동은 어떻게 배우는 걸까요? 원리는 동일합니다. 다음을 한번 살펴볼까요?

아이가 배가 고픕니다. 엄마 손을 끌고 냉장고 앞으로 갑니다. 그랬더니 엄마가 우유를 꺼내줍니다. 아이는 방금 '우유가 먹고 싶을 땐 엄마 손을 끌고 냉장고 앞으로 가면 엄마가 우유를 주는구나'라는 것을 학습했습니다. 왜 손을 끌고 간 것인가요? 우유를 얻기 위해서요. 손을 끌고 가는 행동이 원하는 것을 얻을 수 있는 방법인 것을 배웠습니다. 다음에 우유가 먹고 싶을 땐 어떻게 하면 될까요? 엄마 손을 끌고 냉장고 앞으로 가면 됩니다.

엄마가 아이가 좋아하는 노래를 불러주다가 갑자기 멈춥니다. '무슨 일이 있나?' 아이는 엄마를 쳐다봅니다. 그랬더니 엄마가 다시 노래를 시작합니다. 아이는 더 불러 달라는 의도로 엄마를 쳐다본 것은 아니었지만 엄마를 쳐다보면 엄마가 다시 노래를 불러주는 걸 알게 되었습니다. 다음에 엄마가 노래를 멈추면 노래를 더 듣기 위해 엄마를 쳐다보겠죠.

이번에는 아빠가 풍선을 한 번 불어주더니 가만히 멈춰있습니다. 아빠에게 웃으며 다가갔더니 아빠가 '또?'라고 물어봅니다. '또?'라고 따라 말하니 아빠가 풍선을 불어줍니다. '아하, 풍선을 또 하고 싶으면 또라고 말하면 되는구나' 아이는 또 하고 싶을 때마다 '또'라고 말하면 된다는 것을 배웠습니다. 이처럼 아이가 어떤 '상황'에서 어떤 '의도'일 때 어떤 '행동'을 해야 하는지 알게 되는 것을 '학습'이라고 합니다.

모든 행동에는 기능이 있다

아이들은 일상생활에서 어떤 행동을 하고, 그 행동의 결과에 따라 이 행동을 다음에 또 하는게 좋을지, 안 하는게 좋을지 판단하는 과정을 통해 새로운 행동을 학습합니다. 우리는 ABC 분석을 통해 아이가 '왜' 그런 행동을 하는지, 그 행동이 가져온 '결과'가 무엇인지, 즉 행동의 '기능'이 무엇인지 파악할 수 있습니다. 아이의 행동은 원하는 것을 얻는 것(예: 로보트 사기)과 원하지 않는 것을 피하는 것(예: 잠자리에 들지 않기) 외에도 관심 끌기(예: 부모가 쳐다보게 하기), 감각 자극 얻기(예: 빙글빙글 제자리 돌기를 통해 감각 자극 경험하기), 신체적 기능(예: 아픈 것의 표현) 등 다양한 기능을 가집니다.

행동의 기능을 분석해 볼까요? 일상생활이나 놀이에서 아이가 하는 행동을 유심히 관찰해보세요. 아이가 어떻게 안아달라고 요청하나요? '손을 뻗으면서 다가오는' 행동은 원하는 것(안아주는 것)을 얻는 기능을 가집니다. 잘 놀고 있다가 동생이 다가올 때 '소리를 지르는' 행동은 원하지 않는 것(동생이 내 장난감을 만지는 것)을 피하는 기능을 가집니다.

우리는 찰떡 엄마 아빠 되기에서 이미 행동의 기능을 분석하는 연습을 해보았습니다. 아이의 의도를 읽어주는 장면에서 '도형 끼우기가 잘 안 돼서 속상했어?'라며 아이의 의도를 읽어주는 연습을 했던 것 기억하시죠? 그래서 이미 어느 정도는 행동의 기능을 파악하기 어렵지 않을 것입니다. 아이와의 놀이가 익숙해질수록 아이가 왜 그랬는지 더 쉽게 파악할 수 있습니다.

그런데 때로는 한 번에 그 기능을 파악하지 못할 때도 있습니다. 눈앞에 보이는 것을 얻는 것은 쉽게 찾을 수 있지만 '도대체 이걸 통해 얻는/피하는 게 뭐지?' 싶은 행동도 있거든요. 예를 들어, 두 살 지환이는 빨대컵으로 물을 쉴 새 없이 마셨습니다. 목이 말라서 그랬다고 하기엔 하루에 3리터도 넘게 마셨습니다. 지환이 엄마는 건강에 문제가 생길까봐 못 마시게도 해보고 물이 더 이상 없다고도 했는데 계속 달라고 우니 어쩔 수 없이 주었다고 했습니다. 지환이는 왜 그랬을까요? 이렇게 어려운 문제는 기록이 답입니다. 일주일 동안 물을 달라고 할 때마다 적어보는 것입니다. 지환이 엄마의 기록입니다. '자고 일어나자마자 물을 달라고 하더니 먹고 기분이 좋아졌다' '낮잠 잘 시간에 갑자기 물을 달라고 울어서 주었더니 먹고 잠이 들었다' '요 며칠 기분이 나쁠 때 더 많이 물을 달라고 하는 것 같다' 지환이는 왜 물을 달라고 했을까요? 이야기를 나누다 보니 지환이가 원하는 것은 '물'이 아니라 '빨대컵'이라는 것을 알게 되었습니다. 쪽쪽이를 끊은 지환이는 실리콘 빨대를 쪽쪽이 대용으로 쓰고 있었던 것입니다. 지환이는 '안정'을 얻기 위해 빨대컵으로 물을 마셨습니다. 이런 기능은 단숨에 찾기는 어렵지만 아이의 행동에 관심을 가지고 계속 살펴보면 분명히 찾을 수 있습니다.

아이가 엄마 아빠를 바라볼 때, 손을 뻗을 때, 엄마 아빠를 끌고 갈 때, 물건을 던질 때, 울 때, 그 외의 어떤 행동을 할 때 아이가 의도하는 것이 무엇인지 추측하며 살펴보세요. 긍정적인 행동과 부정적인 행동을 모두 살펴보면서 어떤 기능을 가지는지 확인해보세요.

모든 행동은 결과를 얻는다: 후속결과

아이가 명확한 목적을 가지고 있었거나, 그렇지 않았다 하더라도 아이의 모든 행동은 결과를 얻습니다. 아이가 손을 끌고 갔을 때 우유를 꺼내주지 않으면 결과를 얻지 못하는거 아닌가요? 아닙니다. 의도한 결과(우유를 얻음) 대신 의도하지 않은 결과(우유를 얻지 못함)를 얻었을 뿐입니다. 응용행동분석에서는 이러한 '행동에 뒤따르는 결과'를 후속결과라고 이야기합니다. 아이가 엄마 아빠의 손을 끌고 갔을 때(행동, B) 우유를 얻으면(후속결과, C) 그 행동이 우유를 얻기 위한(기능) 행동으로 적절했다고 알게 됩니다. 아이는 다음에 우유를 얻기 위해서 또 손을 끌고 가게 됩니다. 반대로, 아이가 소리를 질렀을 때(행동) 우유를 얻지 못하면(후속결과) 그 행동이 우유를 얻기 위한 행동으로 적절하지 못했음을 알게 되고, 다음에는 우유가 먹고 싶다고 소리를 지르지 않게 됩니다. 소리를 지르는 행동으로는 우유를 얻을 순 없으니까요. 이처럼 후속결과는 아이에게 어떤 행동이 (자신이 원하는) 기능을 수행하기에 적절했는지 아닌지 판단하는 기준이 됩니다.

자신이 원하는 후속결과를 얻게 되었다면 그 행동은 다음에도 또 하게 됩니다. 자신이 원하는 후속결과를 얻지 못했다면 그 행동은 다음에는 하지 않겠죠. 그래서 아이의 행동에 대한 엄마 아빠의 반응이 매우 중요합니다. 아이가 손을 뻗었을 때(B) 안아주면(C) 손을 뻗는 것이 안기는데 적절한 행동이라고 알려주는 것입니다. 그런데 아이를 키우다 보면 자신의 의도와는 달리 아이에게 잘못된 메시지를 전달할 때가 생깁니다. 예를 들면, 아이가 소리를 질렀을 때(B) 소리 지르면 안 된다는 말을 하면서 안아주면(C) 엄마 아빠의 의도와는 달리 소리를 지르는 것이 안기는데 적절한 행동이라는 메시지를 전하는 것입니다. 아이가 처음에 소리를 질렀을 때 엄마 아빠가 '안 돼'라고 말했어요. 아이가 더 크게 소리를 질렀

자폐 영유아와 함께 놀이하며 성장하기

더니 엄마 아빠가 안아줬어요. 그러면 아이는 한 번 거절 당했을 때 소리를 더 크게 지르면 된다는 것을 학습합니다. 소리를 지르면 안 된다는 말은 그저 허공으로 흩어지고 맙니다. 태어날 때부터 옳고 그름을 알고 태어나는 아이는 없습니다. 아이는 좋은 행동, 나쁜 행동을 판단하지 않습니다. 오직 자신의 행동에 대한 엄마 아빠의 반응을 보면서 이건 해도 되겠다, 이건 하면 안 되겠다 하고 결정할 뿐입니다. 후속결과는 행동을 더 하게 하는 후속결과(강화)와 행동을 그만하게 하는 후속결과(벌) 두 가지로 나뉩니다.

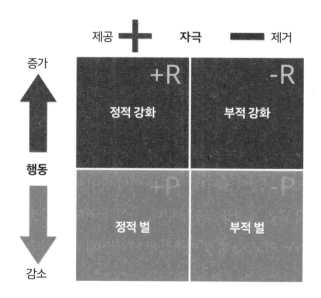

강화

아이가 어떤 행동을 했을 때 행동의 목적에 맞는 후속결과가 주어지면 아이는 같은 상황에 처했을 때 다시 그 행동을 합니다. 아이의 행동에 대한 적절한 후속결과(보상)를 제공함으로써 아이가 그 행동을 더 많이 하도록 하는 것을 강화reinforcement라고 합니다. 행동의 옳고 그름을 떠나 행동이 발생할 확률을 높이는 것은 모두 강화입니다. 아이가 손을 뻗었을 때 안아주어서 '손을 뻗는 행동'의 확률을 높이는 것도, 소리를 질렀을 때 안아주어서 '소리지르는 행동'의 확률을 높이는 것도 강화입니다. 상식적으로 생각할 때 나쁜 행동이 발생할 확률을 높여서는 안 되겠죠? 우리는 긍정적인 행동을 강화하는 데에 초점을 맞추어야 합니다.

긍정적인 행동을 더 잘 하게 하기 위해서는 보상이 필요합니다. 아이가 물을 마시고 싶어서 '물'이라고 말을 했습니다. 어떤 보상을 주면 다음에 또 '물'이라는 말을 할까요? 일단 아이의 의도를 파악해야겠죠? 물을 마시고 싶어서 '물'이라고 말했으면 물을 주는 것이 적절한 보상이 됩니다. 우리는 이미 아이와의 놀이 속에서 자연스럽게 많은 보상을 주었습니다. 아이가 원하는 것을 표현하면 건네주기도 했고, 눈빛이 마주쳤을 때 간지럼을 태워주기도 했습니다.

자폐 영유아와 함께 놀이하며 성장하기

보상은 어떤 것을 주는 것도 보상이지만 어떤 것을 빼주는 것도 보상입니다. 엄마 아빠가 '블록 놀이 더 할까?'라고 물어봤을 때 아이가 '아니'라고 대답하면 블록 놀이를 치워줍니다. 아이는 이 과정을 통해 '아니'라는 말을 하면 거절의 의사를 전할 수 있다는 것을 학습하게 되고, 블록 놀이를 치워주는 보상을 통해 이 행동이 강화됩니다. 밥 먹을 때 '이 반찬까지만 다 먹고 그만 먹자'라고 하는 것도 빼주는 보상입니다. 아이는 그만 먹기 위해 반찬을 열심히 먹게 되니까요.

벌

반대로 아이가 어떤 행동을 했을 때 행동의 목적에 맞지 않는 후속결과가 주어지면 아이는 같은 상황에 처했을 때 그 행동을 하지 않습니다. 이렇게 아이가 의도하지 않은 결과를 얻게 함으로써 아이가 그 행동을 할 확률을 낮추는 것을 벌punishment이라고 합니다. 벌이라고 하니 어쩐지 무시무시한 느낌이지만 여기서 말하는 벌은 아이에게 신체적인 고통을 주는 체벌과는 다른 의미입니다. 행동 발생 확률을 높이는 강화의 반대 용어로서 '벌'은 행동 발생 확률을 낮추는 모든 후속결과를 말합니다. 쉽게 말하면 벌은 행동에 대한 댓가를 치르게 함으로써 그 행동을 더 이상 하지 않게 하는 것입니다.

행동이 발생할 확률을 줄이기 위한 반응도 어떤 자극을 주는(+) 것과 어떤 자극을 제거하는(-) 것 두 가지로 나눠집니다. 재미있게 놀다가 친구를 때린 아이의 예를 생각해볼까요? 친구를 때렸을 때 아이를 생각하는 의자에 앉게 한다면 그것은 어떤 자극을 주는 것입니다. 친구를 때렸을 때 놀이를 더 이상 할 수 없게 된다면 그것은 어떤 자극을 제거하는 것입니다. 한 가지는 자극을 주는 것이고, 다른 한 가지는 자극을 제거하는 것이지만 목표는 동일합니다. 친구를 때리는 행동을 하지 않게 하기 위함입니다.

행동의 발생 빈도를 조절하는 강화와 벌은 그 자체로 긍정적이거나 부정적인 것은 아닙니다. 하지만 아이에게 학습의 원리를 적용할 때에는 벌보다는 강화에 초점을 맞추는 것이 좋습니다. 이는 우리의 삶에서도 충분히 알 수 있습니다. 학교 다닐 때 시험 못봤다고 매 맞으면 시험성적이 오를까요? 핸드폰 뺏기면 성적이 오르나요? 웬만해선 그렇지 않습니다. 매 맞으면 속상하고 아플 뿐, 하루 이틀 공부하다 보면 다시 본래의 놀던 모습으로 되돌아갑니다. 핸드폰을 뺏기면 어떻게 타협하면 핸드폰을 되찾을 수 있을지 고민하지 공부는 안 합니다. 그럼 어떨 때 성적이 오를까요? 공부가 재미있을 때, 조금 공부했는데 성적이 잘 나왔을 때, 시험을 잘 보면 좋은 보상이 기다리고 있을 때 성적이 오릅니다. '공부를 안 하는 것'에 벌을 주는 것보다는 '공부를 하는 것'에 강화를 하는 것이 더 좋습니다.

그런데 아이가 문제행동을 한다면요? 문제행동은 줄여야 하니 벌을 주는 게 맞지 않을까요? 사실 우리는 이 부분에 대해 이미 앞에서 많이 다뤘습니다. 아이가 도형끼우기 조각을 던졌습니다. 아이는 왜 던졌을까요? 잘 안 돼서 속상해서요. 그럴 때는 '던지면 안 돼'라고 하는 대신 '잘 안 돼서 그랬구나. 속상했구나' 하며 '도와줘'를 가르쳤습니다. ABC 분석에서도 행동에 기능이 있다는 것을 이야기했습니다. 아이가 던지는 것은 엄마 아빠의 도움을 얻거나 관심을 얻기 위해서 한 행동이었다는 것을 알 수 있습니다. 던지는 행동을 줄이는데 초점을 맞춰서 도형끼우기를 치워버리는 것보다는 '도와줘'라는 말을 하는데 초점을 맞춰서 아이가 '도와줘'라는 말을 따라 하게 하고, 엄마 아빠가 도형끼우기를 같이 해줌으로써 다음에 또 그 상황이 닥쳤을 때 '도와줘'라는 말을 할 확률을 높이는 것이 더 좋습니다.

행동 직전에 무슨 일이 있었지? 선행사건

어쩌다 그 행동을 하게 된 것인지, 그 행동을 불러일으킨 자극, 사건을 선행사건이라고 합니다. 선행사건을 잘 살피면 행동의 분명한 이유를 알 수 있습니다. 행동의 기능은 '왜' 그랬는지, 선행사건은 '어쩌다' 그랬는지를 알려줍니다. 비슷한 말이라 헷갈릴 수 있습니다. 다음의 예를 봅시다. 어쩌다 아이가 엄마 아빠의 손을 끌고 냉장고 앞에 갔을까요? 배가 고파서입니다. 왜 손을 끌고 냉장고 앞에 갔을까요? 우유를 먹고 싶어서입니다. 행동의 기능은 우유를 요구하는 것이고, 행동의 이유는 배가 고파서입니다. 아이가 냉장고 앞으로 간 선행사건은 배고픔이네요.

선행사건은 행동 직전에 일어난 사건이나 상황입니다. 동화책을 보면서 엄마 아빠가 '딸기 어딨지?' 물어보면 아이가 딸기 그림을 가리키겠죠? '딸기 어딨지?' 질문이 선행사건입니다. 아이가 좋아하는 자동차가 저 선반 위에 올려져 있어서 아이가 가리키면서 '어어' 합니다. '자동차가 선반 위에 올려져 있는 것'이 선행사건입니다. 아이가 피곤해서 울어요. '피곤함'이 선행사건입니다.

왜 그때그때 다를까? 배경 사건

사람의 모든 행동을 다 ABC로 정리, 해석 할 수 있다면 얼마나 좋을까요? 그런데 똑같은 마트에 가서 똑같이 장난감을 사줄 수 없다고 얘기해도 어떤 날은 드러눕는데, 어떤 날은 수긍하고 그냥 지나가기도 합니다. 이제 좀 컸나, 기대하며 다른 날 또 데려가보니 어김없이 드러눕습니다. 도대체 왜?! 그러는 걸까요?

아이가 왜 그러는지 이해하기 위해서는 엄마 아빠의 행동을 생각해보면 됩니다. 아이가 떼를 쓸 때 어떤 때는 받아주고, 어떤 때는 화를 냅니다. 어떨 때 받아주나요? 엄마 아빠의 기분이 좋을 때요. 어떨 때 화가 나나요? 컨디션이 안 좋을 때요. 기계처럼 A일때 B만 나오면 재미가 없습니다. 이럴 때도 있고 저럴 때도 있어야 인간적인 매력(?)이 넘치죠.

아이도 기분에 따라 누울 때도 있고 가만히 지나갈 때도 있습니다. 하지만 기분이 나쁘다고 바로 눕는 건 아닙니다. 뭔가 그 행동을 직접적으로 촉발시키는 선행사건이 있어야 합니다. 또, 선행사건이 있을 때 행동을 직접적으로 촉발시키지는 않지만 그 행동이 일어날 확률에 영향을 미치는 것을 배경사건이라고 합니다. 아이는 이미 사탕 하나를 사서 기분이 아주 좋습니다. 그럴 때 엄마가 로보트 안 사준다고 얘기하면, 그럴 수 있지 하고 넘어갑니다. 그런데 어젯 밤에 잠을 잘 못 잤어요. 이미 기분이 안 좋습니다. 하지만 그냥 기분이 나쁠 뿐 아직 드러눕진 않았습니다. 그런데 엄마가 로보트를 안 사준대요. 그러면? 화가 많이 납니다. 기분이 나쁜 것만으로는 드러눕는 행동에 바로 연결되진 않지만, 거절당했을 때 드러눕는 확률을 높이게 됩니다.

배경사건은 직접적인 아이의 상황일수도 있고, 주변의 상황일 수도 있습니다. 아이가 배가 고프거나, 피곤하거나, 아프면 문제행동이 늘어납니다. 컨디션이 좋고, 즐거우면 문제행동이 줄어듭니다. 더 기꺼이, 즐겁게 배울 수 있습니다. 주변이 너무 시끄럽거나 불빛이 번쩍이는 등 자극이 많으면 아이가 좋은 상태를 유지하기 힘들 수 있습니다. 이렇듯 아이의 행동에 영향을 미치는 변수는 생각보다 많습니다. 아이의 상황을 종합적으로 바라보면 아이를 좀 더 잘 이해할 수 있습니다.

우리는 지금까지 아이가 놀이나 상호작용을 시작하기를 기다렸다가 아이의 행동을 보고, 그 속에 담긴 의도를 파악하고 적절하게 반응해줌으로써 아이와 친밀한 관계를 맺으며 즐겁게 놀이에 참여하는 데에 초점을 맞추었습니다. 그런데 그것만으로는 아이가 배워야 할 수많은 새로운 기술을 가르치기엔 한계가 있습니다. 이 장에서는 아이가 새로운 기술을 학습할 수 있도록 좀 더 적극적으로 가르치는 방법을 살펴 보겠습니다. 행동 학습의 기초인 ABC를

자폐 영유아와 함께 놀이하며 성장하기

행동 학습의 기초, ABC

배경사건	선행사건	행동	후속결과	비고
–	엄마가 노래하다 멈춤	엄마를 쳐다 봄	엄마가 다시 노래 시작	정적 강화
	배부름	그만 먹고 싶다고 말함	식탁에서 내려가게 해줌	부적 강화
	블록이 안 끼워짐	갖고 놀던 블록을 던짐	엄마한테 혼남	정적 벌
	블록이 안 끼워짐	갖고 놀던 블록을 던짐	블록 놀이를 못하게 됨	부적 벌
기분이 좋음	갖고 싶은 장난감을 안 사줌	수용하고 마트에서 나옴	착하다고 칭찬 받음	정적 강화
피곤함	갖고싶은 장난감을 안 사줌	마트에서 드러누움	사줌	정적 강화

활용하여 아이를 둘러싼 다양한 상황을 조절하기 위한 방법을 함께 찾아보시지요. 응용행동분석을 통해 배경사건을 조율하고, 선행사건을 조절하고, 후속결과를 적절하게 제공하면 아이에게 새로운 기술을 가르칠 수 있습니다.

너의 목소리를
들려줘

구슬이 서 말이라도 꿰어야 보배이듯, 아이가 할 줄 아는 말이 아무리 많아도 실제 생활에서 적절하게 사용하지 않는다면 그 말은 아이가 진짜 할 수 있는 말이라고 하기는 어렵습니다. 특히 자폐 영유아의 경우 치료실이나 유치원에서 선생님과 있을 때 분명 어떤 말을 했다고 하는데 집에서는 잘 하지 않는 경우가 종종 있습니다. 왜 그런 걸까요? 아이는 정말 그 말을 할 줄 아는 걸까요, 아닌 걸까요?

제가 미국 여행을 한다고 생각해 보겠습니다. 물이 마시고 싶은데 뭐라고 말해야 할지 잘 모르겠어요. 잠깐 망설이고 있는 찰나,

자폐 영유아와 함께 놀이하며 성장하기

점원이 다가와서 'Do you want some water?'라고 얘기하며 물을 건네줍니다. 혹은 아무 말도 없이 쓱 다가와서 물을 줍니다. 정말 고마운 일입니다. 아무 말도 안 했는데 물을 건네주다니! 가만히 있으면 물을 주는 이 친절한 세상에서 저는 굳이 말을 할 필요가 있을까요? 아이도 마찬가지입니다. 자기의 눈빛 하나, 손짓 하나에도 엄마 아빠가 찰떡같이 움직여주는데 굳이 말할 필요가 있을까요?

아이는 언제 말을 할까요? 즐거울 때? 심심할 때? 화날 때? 아이는 꼭 필요할 때 말합니다. 내가 말을 안 하면 안 되겠구나, 하는 생각이 들어야 말을 합니다. 그러면 어떨 때 말이 필요할까요? 뭔가 하고 싶은 것이 있는데 누군가의 도움 없이 혼자서는 할 수 없을 때 말이 꼭 필요합니다. 물이 마시고 싶은데 자기 손에 물이 없을 때, 비눗방울 터뜨리기 놀이를 하고 싶은데 엄마 아빠가 비눗방울을 불어줘야 할 때, 밖에 나가고 싶을 때, 꽉 잠긴 통 속에 있는 사탕을 먹고 싶을 때 등 표현하지 않고서는 원하는 것을 얻을 수 없을 때입니다. 여러분은 평소 아이가 이런 눈빛을 보일 때 어떻게 하나요? 눈빛만 봐도 통하는 사이니까 얼른 달려가서 해주나요? 아니면 그때그때 마음에 따라 해줄 때도 있고 안 해줄 때도 있나요? 이제부터 우리는 이런 상황을 아이가 의사소통을 시작하는 기회로 아주 소중하게 사용해 봅시다. 더 나아가 아이가 더 많이 의사소통을 시작할 수 있도록 이런 상황을 적극적으로 만들어봅시다. 이렇게 만드는 상황을 '의사소통 유혹'이라고 부르겠습니다.

여기서 잠깐, 앞에서 분명 찰떡 엄마 아빠가 되어야 한다고 했는데 앞뒤가 다른 거 아닌가요? 아닙니다. 기본적으로는 찰떡 엄마 아빠가 되어야 합니다. 그런데 아이가 배운 말을 더 자주 사용할 수 있도록 하기 위해서는 일부러 찰떡모드를 일시정지 해야 합니다. '어? 엄마 아빠가 갑자기 왜 이러지? 내가 뭘 해야 하나?'를 느낄 수 있도록 말입니다.

의사소통 유혹

의사소통 유혹은 간단합니다. 아이가 표현할 수 있는 상황을 만들고 의사소통에서 목표행동을 할 수 있도록 잠깐 기다리는 것입니다. 말 그대로 이것은 유혹이기 때문에 아이는 유혹에 넘어올 수도 있고, 넘어오지 않을 수도 있습니다. 유혹했는데 넘어오지 않으면 다음 기회를 기다려야 합니다. 유혹 성공률을 높이고 싶다면 그 유혹이 무척 매력적이어야 합니다. 어떤 유혹이 매력적일까요? 이

자폐 영유아와 함께 놀이하며 성장하기

것은 아이의 동기와 관련이 있습니다. 아이가 간절히 원하면 원할수록, 아이가 그 놀잇감을, 그 놀이를, 그 활동을, 그 먹을 것을 좋아하면 좋아할수록 아이는 유혹에 쉽게 넘어옵니다. 우리 아이가 평소 어떤 놀잇감을 좋아하는지, 엄마 아빠와 어떤 놀이하는 것을 좋아하는지 생각해본다면 쉽게 의사소통 유혹 기회를 찾을 수 있습니다. 아이가 의사소통 유혹에 넘어와 목표행동을 했다면 보상으로 아이가 원하는 것을 해줍니다. 의사소통 유혹을 통해 아이의 관심을 끌어올 수 있고, 아이는 의사소통을 시작할 기회를 얻게 되고, '내가 원하는 것을 표현해야 얻을 수 있구나!'를 알게 됩니다. 좀 더 나아가서 '내가 원하는 것을 요구하려면 다른 사람의 관심을 끌어와야 하는구나'도 알 수 있습니다. 아이와의 놀이와 일상생활 속에서 사용할 수 있는 다양한 의사소통 유혹의 예는 다음과 같습니다.

눈에 보이지만 손에 닿지 않는 곳에 매력적인 물건 두기

눈에 보이지만 손에 닿지 않는 곳에 물건 두기는 모든 상황에서 가장 손쉽게 사용할 수 있는 의사소통 유혹입니다. 아이가 스스로 가져갈 수 없는 장소는 어디든 가능합니다. 선반이나 책장 위에 아이가 좋아하는 놀잇감을 올려놓아 보세요. 저 책장 위에 자동차가 떡하니 보이는데 스스로 꺼낼 수 없다면 아이는 너무 갖고 싶을 것입니다. 아이가 달라는 표시로 손을 내밀거나 '자동차 꺼내줘'라고 이야기하면 유혹에 성공하는 것입니다. 그러면 자동차를 건네주면 됩니다. 꼭 높은 곳에 올려놓아야 하는 것은 아닙니다. 뚜껑이 꽉 잠긴 투명한 통에 놀잇감이나 음식을 담아두는 것도 아이의 눈에 보이지만 스스로는 꺼낼 수 없기 때문에 좋은 유혹이 될 수 있습니다.

놀잇감 통제하기

아이가 놀잇감을 가지고 재미있게 놀고 있을 때 슬쩍 놀잇감을 가져가거나 놀잇감을 엄마 아빠가 가지고 있으면서 조금씩 나눠주는 것도 방법입니다. 예를 들어, 퍼즐을 맞추고 있을 때 다음 조각을 쥐고 있거나, 아이가 퍼즐 조각을 찾으면 엄마 아빠의 눈 가까이에 퍼즐 조각을 가져가면서 '퍼즐 여기있지~'라고 하면 아이는 자연스럽게 엄마 아빠의 눈을 보면서 퍼즐을 달라고 요구할 수 있게 됩니다. 만약 아이에게 블록을 통째로 건네주면 아이는 놀이 상대와 전혀 상호작용을 하지 않아도 놀이를 지속할 수 있습니다. 이때 엄마 아빠가 블록 통을 들고 있으면 아이가 재미있는 놀이를 지속하기 위해서는 블록을 달라고 표현해야만 합니다.

자폐 영유아와 함께 놀이하며 성장하기

도움이 있으면 더 재미있는 놀이하기

아무리 혼자 놀기 좋아하는 아이라도 혼자 할 수 없는 놀이라면 엄마 아빠와 함께 놀이하고 싶어할 것입니다. 비눗방울과 풍선 놀이는 아이에게 요구하기를 가르칠 수 있는 좋은 유혹이 됩니다. 비눗방울을 한 번 후- 불어주고 가만히 기다려보세요. 아이가 다가오면 '또 할까?' 하고 물어보세요. 아이가 '또'라고 말하면 불어주시면 됩니다. 꼭 놀잇감이 없어도 다양한 몸놀이에서 의사소통 유혹을 할 수 있습니다. 높이 번쩍 들었다가 아래로 내려오는 몸놀이를 좋아한다면 한 번 번쩍 들어주고 '아이고 이제 힘들어서 쉬어야겠다'라며 자리에 앉아보세요. 아이가 정말 좋아하는 놀이라면 슬슬 웃으며 다가올 것입니다. 그럴 때 '한 번 더!'라는 말을 알려주면 아이는 '한 번 더'를 외칠 것입니다.

익숙한 구절 반복해서 말하기

이 의사소통 유혹은 앞의 '도움이 있으면 더 재미있는 놀이하기'와 함께 사용할 수 있습니다. 익숙한 상황에서 익숙한 구절을 반복해서 말해주면 아이는 다음에 어떤 말이 나올 지 예상할 수 있습니다. 예를 들어, '하나, 둘…… 셋!'은 비눗방울 놀이나 몸놀이를 할 때 언제든 사용할 수 있는 말입니다. 처음에는 엄마 아빠가 하나, 둘, 셋!까지 해주다가 점점 익숙해지면 하나, 둘……만 해도 아이가 셋!을 외치며 엄마 아빠가 비눗방울을 불어주길 기대하는 눈빛을 보낼 것입니다. '준비 시……작!'이나 '간다간다…… 출발!'도 아이들이 참 좋아합니다. 아이와 익숙한 노래를 부를 때 삐약삐약 (병아리) 음메음메 (송아지) 처럼 각자의 역할을 나눠서 부르는 것도 아주 좋습니다. 아이들은 반복되는 놀이 일과의 순서를 인식하게 되고 차례 주고받기를 익히는 기초가 되기도 합니다.

예상 밖의 우스운 상황 만들기

우리는 눈빛만으로도 통하는 사이이기 때문에 아이가 정확하게 표현하지 않아도 아이가 표현하는 척만 하면 원하는 놀잇감을 건네주거나 원하는 것을 해줄 수 있습니다. 하지만 당연히 A가 나올 줄 알았는데 B가 나온다면 아이는 어떻게 반응할까요? 제가 만난 아이 중에 '주세요'를 도깨비방망이처럼 사용하는 아이가 있었습니다. 뭔가 원하는 게 있으면 무조건 손부터 내밀고 보는 거죠. 눈을 마주치지도 않고. 이런 아이가 자신이 원하는 것을 좀 더 정확히 표현하게 하려면 예상 밖의 상황을 만드는 것을 추천합니다. 예를 들어, 누가 봐도 우유를 원하는 상황에서 손을 딱 내밀었을 때 장난감 자동차를 건네주는 겁니다. '오잉? 내가 분명 주세요, 했

자폐 영유아와 함께 놀이하며 성장하기

는데 왜 자동차가 나왔지? 우유는 어디 있지?' 이럴 때 아이는 자신이 원하는 게 정확히 무엇인지를 표현해야 한다는 것을 배웁니다. 손만 내미는 게 아니라 '자동차 아니야'라든지 '우유 줘'라든지 좀 더 정교한 표현을 배우게 되는 것입니다. 이런 유혹은 아주 다양하게 사용할 수 있습니다. 두 단어를 이어서 말하는 것이 목표인 아이가 소꿉놀이를 하면서 숟가락을 달라는 의도로 '숟가락'이라고 말할 때, 아이에게 숟가락을 건네주는 대신 '숟가락으로 (사과) 잘라?' 하면서 사과를 자르는 시늉을 하면 아이는 어리둥절하겠지만 이내 무슨 말을 해야 하는지 알게 됩니다. 엄마 아빠는 '숟가락 줘'라고 좀 더 정확하게 얘기할 때 숟가락을 건네주면 됩니다.

이외에도 일상생활에서 의사소통 유혹을 사용하는 방법은 무궁무진합니다.

 일상생활에서 의사소통 유혹 사용하기[25]

- 아이가 좋아하는 음식을 주지 않고 아이 앞에서 먹는다.
- 태엽 장난감을 작동시킨 후 작동이 멈추면 아이에게 건네 준다.
- 아이에게 블록 네 개를 주고 상자 안에 하나씩 넣게 한 후, 곧바로 이어서 작은 동물 모형을 주고 상자 안에 넣게 한다.

- 아이가 좋아하는 몸놀이를 여러 번 한 뒤 아이가 즐기는 기색이 보이면 놀이를 멈추고 기다린다.
- 비눗방울 병을 열고 비눗방울을 분 후에 병을 꼭 닫는다. 닫힌 비눗방울 병을 아이에게 건네준다.
- 풍선을 불어서 천천히 바람이 빠지게 한다. 바람이 빠진 풍선을 그대로 아이에게 주거나 엄마 아빠의 입 가까이로 가져가 기다린다.
- 아이가 싫어하는 음식이나 놀잇감을 아이 가까이로 가져가 들고 있는다.
- 아이의 손을 젤리, 푸딩, 풀과 같은 차갑고 촉촉하거나 끈적거리는 표면에 닿게 한다.
- 아이와 공을 주고받다가 공 대신에 딸랑이나 바퀴 달린 장난감을 아이에게 굴린다.
- 놀이 영역에서 장난감을 다른 곳으로 가지고 갈 때 손을 흔들면서 "빠이빠이"라고 말한다.
- 불투명한 주머니 안에 소리 나는 장난감을 넣고 주머니를 흔든다. 주머니를 들고 기다린다.
- 그림 그리기 놀이를 하자고 하고 물감과 종이만 건넨다.

알려주기와
돕기

    아이가 아장아장 첫걸음마를 떼던 순간을 기억하시나요? 누워만 있던 이 아이는 어떻게 혼자 걷고, 뛰게 되었을까요? 아이는 끝없는 연습을 통해 걸음마를 배웠습니다. 잡고 서기를 마스터한 순간부터 걸음마를 향한 무한한 여정이 시작됩니다. 의자나 걸음마 보조기를 밀고 다니는 아이도 있고, 엄마 아빠의 손을 잡고 휘청휘청 발걸음을 떼기도 합니다. 이때 엄마 아빠는 어떻게 했나요? 아이가 넘어지지 않고 걸음마를 연습할 수 있도록 손을 잡아주고, 일으켜 세워주고, 잘한다 잘한다 칭찬해주었습니다. 시간이 지나 아이가 점차 몸의 균형을 잡게 되었을 때에는 자연스럽게 엄마 아빠의 도움도 조금씩 줄어듭니다. 양손을 잡아주다가 한 손을 잡아주고, 어느샌가 한 손가락만 내어주기도 합니다. 이제 정말 준비된 것 같으면 두어 걸음 떨어진 곳에 앉아서 "이리 온!" 하고 두 팔을 벌리고 아이를 기다립니다. 그리고 걸음마 성공! 우리는 무한 폭풍 칭찬으로 아이의 성공을 함께 기뻐했습니다.

아이가 새로운 기술을 배우는 과정은 걸음마를 배우는 과정과 같습니다. 잡고 서자마자 성큼성큼 걸을 순 없습니다. 수많은 연습과 도전 끝에 새로운 기술을 배웁니다. 이때 엄마 아빠가 손을 잡아주고 두 팔 벌려 안아주면 아이는 더 쉽게, 좌절하지 않고, 더 빨리 성공할 수 있습니다.

또 하나의 사례를 볼까요? 저의 13살 첫째와 8살 막내가 끝말잇기를 합니다. 누나가 봐줬다며 '사자'라고 말했는데 동생은 자-로 시작하는 단어가 떠오르지 않나봅니다. 불쌍한 막내가 자꾸 지는 게 안쓰러웠던 저는 누나 몰래 힌트를 주기로 결심합니다. 그런데 대놓고 '자동차'라고 알려주면 큰 애가 화를 낼 게 분명하니 '간다간다' 노래를 부릅니다. '간다간다 간다간다 넓은 길로~' 그러면 막내가 아하, '자동차'를 외칩니다. 그런데 아이가 알아채지 못할 때가 있습니다. 그러면 입 모양으로만 '자 동 차'를 보여줍니다. 그래도 안 되면 조용히 창밖을 보면서 "우와 저기 '자동차' 엄청 많이

자폐 영유아와 함께 놀이하며 성장하기

지나간다"라고 말합니다. 그래도 안 되면요? 귓속말로 '자동차'라고 대놓고 알려줍니다. 그럼 아이는 '자동차'를 외치며 놀이를 이어갑니다.

촉진하기

촉진은 아이로 하여금 엄마 아빠가 원하는 목표로 하는 행동을 하도록 알려주거나 도움을 주는 것을 말합니다. 적절한 시기에 주는 적절한 도움은 아이가 더 쉽게 목표 기술을 익힐 수 있도록 돕습니다. 그뿐만 아니라 아이가 포기하지 않고 계속 도전할 수 있도록 돕습니다. 제가 아이에게 자동차 힌트를 주지 않았다면 아이는 '나 졌어, 안 할래' 하고 가버렸을 지도 모릅니다. 이런 식으로 몇 번 힌트를 주니 다음에 게임할 때 아이는 '자'라는 말이 나오자마자 '자동차'를 외치게 되었습니다. 우리 아이들이 새로운 기술을 배우는 것도 마찬가지입니다. 처음에는 엄마 아빠의 도움으로 해냈지만 익숙해지면 스스로 해낼 수 있게 됩니다. 새로운 기술을 가르치는 중이라면 처음엔 도움 주는 것을 아까워하지 마세요. 그렇다고 혼자 잘 걷게 되었는데 굳이 옆에서 손을 내밀 필요는 없습니다. 아이가 점차 새로운 기술에 익숙해지고 잘하게 될수록 도움은 줄여야 합니다. 결국에는 어떠한 도움도 없이 혼자 해내는 것이 최종 목표이기 때문입니다. 혹시 이미 아이가 충분히 잘하고 있는데도 습관적으로 도움을 주고 있는 것이 있는지 살펴볼 필요가 있습니다. 또 한 가지, 우리는 아이가 새로운 기술을 해낼 수 있도록 도움을 줄 뿐 직접 그 행동을 해주는 것은 아닙니다. 아무리 도움을 많이 준다고 해도 아이가 스스로 걷는 것이지 엄마 아빠가 대신 걸어줄 수는 없습니다.

그렇다면 아이가 새로운 행동을 배우도록 촉진하는 좋은 방안은 어떤 것일까요? 새로운 행동을 촉진하는 전략은 크게 세 가지로 구성됩니다.

① 촉진 방법 선택하기
② 촉진의 양 조절하기
③ 촉진 줄이기

자폐 영유아와 함께 놀이하며 성장하기

촉진 방법 선택하기

촉진에는 다양한 유형과 방법이 있습니다. 아이의 신체 일부를 잡고 함께 해주는 신체 촉진, 말로 설명해 주거나 힌트를 주는 언어 촉진, 그 외에 모델링이나 단서를 보여주는 시각적 촉진 등 다양한 유형이 있습니다. 각각의 촉진 방법을 자세히 살펴보겠습니다.

신체 촉진

신체 촉진은 아이의 신체 일부를 직접 잡고 움직여서 목표하는 행동을 할 수 있도록 돕는 것입니다. 신체 촉진에는 다음과 같은 것들이 있습니다.

- [전체] 집에 손님이 왔을 때 아이의 손을 잡고 흔들어 '안녕~' 인사하기
- [전체] 점토 놀이를 하면서 아이의 손 위에 엄마 아빠의 손을 올려놓고 함께 점토를 밀어 길게 만들기
- [전체] 아이가 팔을 뻗어 원하는 것을 요구할 때 아이의 손을 모아 검지로 포인팅하는 모습을 만들어 주기
- [부분] 아이가 숟가락을 잡도록 손목을 살짝 잡아주기

신체 촉진은 아이에게 특정 동작을 가르칠 때 유용하게 사용할 수 있습니다. 특히 스스로 할 수 있는 게 적은 아이는 신체 촉진을 많이 사용하게 됩니다. 아이는 엄마 아빠가 해주는 대로 몸을 움직이면서 자연스럽게 기술을 습득하게 됩니다. 체조나 율동, 놀이 방법, 몸짓, 제스처 등 몸으로 할 수 있는 것은 신체 촉진을 사용하여 도울 수 있습니다.

신체 촉진에는 위의 예에 표시한 것처럼 전체 신체 촉진과 부분 신체 촉진, 두 가지 방법이 있습니다. 처음 '안녕' 손 흔들기를 가르칠 때 어떻게 하나요? 아이에게 아무 의지가 없을 때 그냥 엄마 아빠가 아이의 손을 끌어다가 흔들면 흔듭니다. 이렇게 움직임의 처음부터 끝까지 엄마 아빠가 다 해주는 것을 **전체 신체 촉진**이라고 합니다. 그다음에 조금 익숙해지면 어떻게 되나요? 엄마 아빠가 아이의 팔만 살짝 끌어줬을 뿐인데 아이가 손을 들어 흔들게 됩니다. 이렇게 아이가 스스로 하는 움직임인데 엄마 아빠가 일부의 도움을 주는 것을 **부분 신체 촉진**이라고 합니다.

신체 촉진은 새로 동작을 배울 때만 사용하는 것은 아닙니다. 밥을 먹어야 하는데 가만히 있는 아이에게 숟가락 앞으로 아이의 손을 살짝 끌어가는 것, 놀이를 하다가 아이 차례가 되었을 때 손등을 톡톡 치면서 '네 차례야'라고 말해 주는 것 모두 신체 촉진입니다.

자폐 영유아와 함께 놀이하며 성장하기

언어 촉진

언어 촉진은 아이에게 언어를 사용해서 목표하는 행동을 할 수 있도록 돕는 것입니다. 언어 촉진은 아이의 의사소통을 촉진하거나 놀이를 촉진하기 위해 사용합니다. 의사소통과 놀이를 촉진하는 언어 촉진의 예를 든 후에 각각에 대해 자세히 설명하겠습니다.

〈의사소통 촉진하기〉

- [언어 모델링] 아이에게 "엄마"라는 말을 반복해서 말해주면서 따라 하도록 하기
- [시범 제거] 아이가 우유를 먹고 싶어할 때 '우유? 뭐 줄까?'라고 아이가 해야 할 말과 질문을 이어 해서 아이가 '우유'라고 말할 수 있도록 돕기
- [부분 시범] 아이가 '딸기'라고 말하면 '딸기 먹고…'까지 말해서 아이가 '딸기 먹고 싶어요'라고 더 긴 문장을 말할 수 있도록 돕기
- [선택] 아이에게 '자동차 빨리 갈까, 천천히 갈까' 선택지를 제공하기
- [빈칸 채우기] 공놀이를 할 때마다 '하나, 둘, 셋'을 외치고 공을 던지는 것을 반복하다가 '하나, 둘, …' 하고 멈춰서 아이가 '셋'을 외치도록 돕기
- [열린 질문] '뭐 할거야?' '어떻게 하고 싶어?'질문하기
- [간접] 다친 곳을 가리키며 '엄마 여기 아파'라고 말하기

〈놀이 촉진하기〉

- [선택] 아이에게 '자동차 놀이할까, 기차 놀이할까' 선택지를 제공하기
- [직접] '아기 재워주자'라고 얘기해서 아이가 인형을 재워주는 시늉을 하도록 돕기
- [열린 질문] '어떤 거 줄까?' '뭐 줄까?' '이거 어떻게 할거야?' 질문하기
- [간접] 인형놀이를 하면서 '아기 배고프대'라고 해서 아이가 인형에게 먹이는 시늉을 하도록 돕기

언어 촉진은 아이의 언어 수준에 따라 상당히 다양하게 변형될 수 있습니다. 앞서 아이의 주도 따르기, 아이 모방하기, 모델링하기에서 우리는 지속적으로 아이가 이해할 수 있고, 아이가 따라할 수 있는 수준에서 간단한 말로 표현하기를 연습했습니다. 말을 사용하는 언어 촉진도 당연히 아이가 이해할 수 있고, 아이가 따라할 수 있는 수준에 맞춰서 변형해야 합니다.

언어 촉진의 방법은 매우 다양합니다. 아마도 한두 가지 전략을 제외하면 다들 한 번쯤은 아이에게 사용해 본 전략일 것입니다. 아이의 의사소통을 촉진하기 위한 언어 촉진과 놀이를 촉진하기 위한 언어 촉진으로 나누어 조금 더 자세히 살펴보겠습니다.

자폐 영유아와 함께 놀이하며 성장하기

먼저 의사소통을 촉진하기 위한 언어 촉진 전략의 구체적 내용은 다음과 같습니다.

언어 모델링은 아이가 해야 할 말을 직접적으로 알려주는 것입니다. 아이가 따라 하길 바라는 단어나 문장을 그대로 말해줍니다. 아이가 같이 놀고 싶은데 머뭇거릴 때 "나도 하고 싶어"라고 말해주면 아이는 그 상황에서 어떤 말을 해야 하는지 알게 되고, 따라 말할 수 있습니다. "○○아, 이럴 땐 어떻게 하는 거라고 했지? 엄마한테 '엄마, 나도 하고 싶어'라고 해야지"라고 장황하게 설명하는 대신 '나도 하고 싶어'라고 아이가 해야 할 말만 간단하게 알려주는 것이 더 좋습니다. 아이가 반향어를 사용한다면 더 주의를 기울여야 합니다. 대부분의 아이는 '○○이도 하고 싶어?'라고 물어보면 '응'이라고 하거나 '나도 하고 싶어'라고 대답하지만 반향어를 사용하는 아이는 엄마 아빠의 질문에 '○○이도 하고 싶어?'라고 되묻습니다. 아이에게 '나도 하고 싶어'라는 말을 가르치고 싶다면 아이가 해야 할 '나도 하고 싶어'라는 말로 시범을 보여야 합니다.

시범 제거 촉진은 먼저 시범을 보여주고 그 다음에 시범을 제거하는 전략으로, 이미 아이가 할 줄 아는 말이지만 완벽히 익히지 않았을 때 사용하기 좋은 방법입니다. 아이는 엄마 아빠가 듣고 싶은 말이 무엇인지 힌트를 얻고, 그저 반사적으로 말을 따라 하는 대신 하고 싶은 말을 정확하게 표현할 수 있는 기회가 생깁니다.

부분 시범 촉진은 아이에게 완벽한 단어 또는 문장을 시범 보이는 대신 목표로 하는 단어 혹은 문장의 일부만 알려주는 것입니다. 끝말잇기에서 자동차를 알려줄 때 '자동-' 까지만 알려주는 것도 부분 시범 촉진입니다. 아이가 이미 할 줄 아는 말인데 상황에 맞게 꺼내 쓰지 못할 때, 문장으로 말하기나 구체적으로 표현하기를 가르칠 때 사용하기 좋은 방법입니다. '이거'라고만 이야기하는 아이에게 '이거 끼-'라고 부분적인 시범을 보이면 아이가 '이거 끼워줘'라고 원하는 것을 더 정확하고 길게 표현할 수 있습니다. 대화 상대자의 관심을 끄는 것을 알려주고 싶을 땐 '엄마-'라고 말해주면 아이가 '엄마 이거 (해줘)'라고 단어를 이어 말할 수 있게 됩니다.

선택 촉진은 아이가 여러 가지 선택지 중에 하나를 고를 수 있도록 기회를 주는 전략입니다. 더 정교한 의사표현을 가르치기에 좋은 방법입니다. '자동차 어떻게 갈까?'라고 물어보면 엄마 아빠가 원하는 것이 무엇인지 몰라 난감해 할 수 있습니다. '어떻게'가 무엇인지 몰라 대답하지 못하는 아이도 '자동차 빨리 갈까, 천천히 갈까?'라고 선택지를 주면 '빨리'나 '천천히' 중에서 하나를 골라서 대답할 수 있습니다. 아이가 반향어를 사용한다면 아이가 선택할

자폐 영유아와 함께 놀이하며 성장하기

만한 것을 앞쪽에 물어보세요. 예를 들어, 요구르트를 좋아하는 아이에게는 '요구르트 줄까? 우유 줄까?'라고 물어보는게 좋습니다. '우유 줄까? 요구르트 줄까?'라고 물어보면 아이가 좋아하는 것을 선택한 것인지, 그냥 뒤의 말을 따라한 것인지 알 수 없습니다. 만약 아이가 요구르트를 선택할 게 분명한데 뒤의 말을 따라 해서 '우유'라고 대답했다면 아이의 대답에 따라 우유를 주세요. 아이의 말대로 이루어지는 것을 경험하는 것이 요구르트 한 번 받는 것보다 더 중요합니다. 아이가 우유가 아니라고 표현하면 다시 물어보세요. '요구르트 줄까? 우유 줄까?'

빈칸 채우기 촉진은 일상생활에서 반복해서 사용하는 구절을 여러 번 들려주다가 아이가 참여할 수 있는 기회를 주는 전략입니다. '준비, 출발!' '하나, 둘, 셋!' 이런 구절은 하나의 단어처럼 이어서 사용하고, 보통 이 뒤에는 아주 재미있는 게 옵니다. 그래서 아이들이 엄마 아빠의 입에서 '하나, 둘…'이라는 말만 나와도 눈이 반짝반짝합니다. 그런데 풍선을 날릴 준비를 다 마친 엄마 아빠가 셋을 세지 않고 기다리기만 합니다. 아이는 빨리 하고 싶어서 '셋!'을 외칩니다. 그러면 풍선이 휭! 날아갑니다.

열린 질문 촉진은 열린 질문을 사용하여 아이가 자유롭게 의사표현을 할 수 있도록 촉진하는 것입니다. 이런 촉진은 누구, 무엇,

어디, 언제, 어떻게, 왜 등 육하원칙에 따른 의사소통을 가르칠 때 많이 사용합니다. 누구, 무엇, 어디와 관련된 질문이 어떻게, 언제, 왜와 관련된 질문보다 쉽습니다. 놀이와 생활 속에서 '뭐 하고 싶어?' '어떤 놀이 할까?' '누가 먼저 할까?' '몇 개 줄까?' '어디에 놓을까?' '이거는 어떻게 할까?' 등등 다양한 질문을 통해 아이가 구체적으로 의사표현을 할 수 있도록 촉진해주세요.

간접 촉진은 간접적인 단서를 주는 전략입니다. 상황과 맥락에 맞는 말하기를 가르칠 때 많이 사용합니다. 어떻게 하라는 직접 지시가 아니라 상황 단서를 알려주면서 아이가 스스로 적절한 의사표현을 하도록 돕습니다. 같이 산책하다가 넘어져서 다친 곳을 가리키며 '엄마 여기 아파'라고 말하면 이 상황에서 적절한 대답은 무엇일까요? '괜찮아?' '많이 아파?' '내가 호 해줄게' 등등이 있겠죠. '나 위로해줘'라고 이야기하면 아이는 자신이 무슨 말을 해야 하는지 스스로 생각하기보다는 시키는 말을 하게 됩니다. 간접 촉진을 잘 활용하면 아이가 상황을 눈치껏 파악하는 요령이 생깁니다.

다음으로는 놀이 참여와 놀이 확장을 촉진하기 위한 언어 촉진 전략을 살펴보겠습니다.

선택 촉진은 아이가 두 가지 놀이 중에 하나를 고를 수 있도록

자폐 영유아와 함께 놀이하며 성장하기

기회를 주는 전략입니다. 아이가 놀이에 더 적극적으로 참여하게 하고 놀이를 확장하기 위해 아이가 좋아할 만한 것을 제안해주세요. '자동차 놀이 할까, 기차 놀이 할까' 질문에 아이는 자신이 원하는 것을 선택하기 때문에 더 적극적으로 놀이에 참여할 수 있습니다. 놀이를 더 복잡하게 할 때에도 선택 촉진은 유용합니다. 자동차 놀이를 하면서 '여기에 다리를 만들까, 터널을 만들까' '자동차 빨리 갈까, 느리게 갈까' '다음엔 뽀로로를 태워줄까, 포비를 태워줄까' 등 다양한 질문을 통해 놀이를 확장해보세요.

직접 언어 촉진은 해야 할 행동을 말로 정확하게 알려주는 것입니다. '넣어' '빼' '마셔' '던져' 등 동작과 관련된 모든 말을 사용할 수 있습니다. 물론 이때에도 아이의 주도를 따르면서 조금씩 확장하는 것이 좋습니다. 직접 언어 촉진을 통해 아이는 놀이 속에서 어떤 행동을 해야 하는지 배우게 됩니다. 소꿉놀이를 하면서 '썰어' '찍어' '담아' '먹어' 등 놀이 속 다양한 행동을 간단하게 알려주세요.

열린 질문 촉진은 아이가 자유롭게 놀이를 이어갈 수 있도록 촉진하는 것입니다. 계속 자동차를 줄 세우는 아이에게 '자동차 어디로 갈까요?' 질문하면 줄 세우기 놀이에서 역할놀이로 변해갈 수 있습니다. 놀잇감을 앞에 두고 방황하는 아이에게 '손님, 오늘은 무슨 음식을 드릴까요?' 하며 자연스럽게 놀이에 끌어올 수 있습니다. 공을 가져온 아이에게 '어떤 놀이 하고 싶어?' 물어보면 아이는 주도적으로 원하는 놀이를 할 수 있습니다.

마지막으로 **간접 촉진**은 아이에게 놀이 상황을 가정하는 단서를 주는 것입니다. 아기 인형을 안고만 있는 아이에게 '아기가 배고프대'라고 하면 아이는 아기 인형에게 먹이는 시늉을 합니다. 혼자 자동차 놀이를 하는 아이에게 '아저씨 같이 가요'라고 말하면 아이가 엄마 아빠의 참여를 기다리게 됩니다.

그 외의 다양한 촉진 방법

시간 지연은 아이의 주도 따르기에서 기다리기와 돕기 부분에서 이미 자연스럽게 연습해 본 전략으로 아이가 스스로 목표하는 의사표현을 할 수 있도록 잠시 멈춰 기다리는 것입니다. '거미가 줄을 타고' 노래를 부르며 아이를 간지럽히다가 멈춰서 아이를 바라보면 아이는 또 해달라는 눈빛을 보내겠죠? 가장 쉽고 단순하면서도 효과가 좋은 촉진 방법입니다. 아이가 표현하기를 기다릴 때에는 기대에 찬 눈빛을 보내는 것, 잊지 마세요.

제스처는 아이가 엄마 아빠의 말을 듣고 이해하는 것을 돕기 위해 제스처(동작, 자세 등)를 사용하는 방법입니다. 아이와의 의사소통이 아니더라도 우리는 일상생활에서 제스처를 많이 사용합니다. 먹는 시늉을 하면서 '먹어'라고 말하거나 손가락 두 개를 펼쳐 '두 개'를 알려주면 아이는 말만 듣는 것보다 더 쉽게 의미를 파악할 수 있습니다. 간단하고 익숙한 제스처를 반복적으로 사용하여 아이가 엄마 아빠의 말을 더 잘 이해할 수 있게 도와주세요.

행동 모델링도 의사표현이나 놀이를 촉진할 때 유용하게 사용할 수 있는 촉진 방법입니다. 손을 모아 '주세요' 표현하기, 검지손가락으로 포인팅하기 등을 모델링 해주세요. 아이의 이해를 돕기 위해서 사용하는 제스처도 좋은 행동 모델링이 됩니다. 아이가 할 좋은 행동(동작)을 먼저 엄마 아빠가 사용해야 아이가 더 익숙하게 사용할 수 있습니다. 공놀이를 할 때 팔을 뻗어서 굴러오는 공을 잡는 모습을 먼저 보여주세요. 아이가 엄마 아빠의 행동을 보고 따라 할 수 있습니다.

시각적 촉진은 그림이나 사진 등 시각적 자료를 단서로 활용해서 알려주는 것입니다. 특히 자폐 아이들은 귀로 듣는 정보보다 눈으로 보는 정보를 통해 더 쉽게 학습하기 때문에 시각적 촉진은 강력한 힌트가 될 수 있습니다. 눈앞에 아무것도 없는 상태에서 '자동차 놀이 할래, 기차놀이' 할래 하는 것보다 실제 자동차 장난감을 보여주거나 자동차 사진 또는 그림을 보여주면 아이가 훨씬 더 잘 이해할 수 있습니다. 공중화장실에 올바른 손씻기 6단계 사진을 붙여놓는 것도 시각적 촉진의 예입니다. 냉장고 앞에 아이가 좋아하는 간식 사진을 붙여놓고 어떤 것을 먹고 싶은지 물어보는 것도 아주 좋습니다. 예전에는 시각적 자료를 만들기가 어려워서 부모님께 잘 권하지 못하던 방법이었지만, 요즘은 핸드폰만 있으면 무엇이든 바로 보여줄 수 있기 때문에 부담없이 시도해볼 수 있습니다.

다음의 표[21]는 아이의 의사소통과 놀이를 촉진할 수 있는 방법과 그 예시입니다. 각각의 촉진은 가장 직접적으로 도움을 많이 주는 것에서 간접적으로 도움을 적게 주는 것 순으로 정리되어 있습니다.

자폐 영유아와 함께 놀이하며 성장하기

구분	방법	정의	예
의사 소통 촉진	언어 모델링 촉진	아이가 똑같이 따라 하길 기대하는 단어/문장을 제시한다.	"기차?" "기차 주세요"
	시범 제거 촉진	아이가 똑같이 따라 하길 기대하는 단어/문장을 제시한 뒤, 다른 단어/문장을 추가하여 제시한다.	"기차? 뭐 줄까?"
	부분 언어 시범	목표 단어나 구의 첫 소리를 시범보인다.	"엄…(마)"
	선택 촉진	아이가 반응할 수 있도록 선택지를 준다.	"빨간 자동차줄까 파란 자동차 줄까?" "빨리 갈까 천천히 갈까"
	빈칸 채우기 촉진	활동 중 전체 문장을 계속 사용하다가 일부를 아이가 표현할 수 있게 중간에 멈춘다.	"하나, 둘, 셋! 하나, 둘, 셋! 하나, 둘, …" "삐약삐약 병아리, 음메음메 …"
	열린 질문 촉진	열린 질문을 사용하여 물어본다.	"뭐 줄까?" "어떤 거?" "어떻게 할까?"
	간접 언어 촉진	명백한 단서를 주는 대신 힌트를 준다.	"장난감이 상자 안에 있네"
	시간 지연	눈앞에 보여주지만 말로 단서를 주지는 않는다.	비눗방울을 불 것처럼 하다가 멈추고 기다리기

놀이 촉진	전체 신체 촉진	목표행동을 할 수 있도록 신체적인 안내를 한다.	크레파스를 잡도록 아이의 손 위에 어른의 손을 올리고 크레파스 있는 쪽으로 끌어가기
	부분 신체 촉진	아이가 어느 정도 독립적으로 반응하는 것을 지원하기 위해 신체적인 안내를 한다.	크레파스를 잡도록 팔을 살짝 잡아주기
	행동 모델링 촉진	아이가 무엇을 해야하는지 알려주기 위해 행동이나 놀이, 몸짓 등 시범을 보인다.	과자가 들어있는 통을 가리키기
	시각 촉진	아이의 정확한 반응을 끌어내기 위해 그림, 상징, 글자 등을 보여준다.	"과자줄까?"물어보고 바로 '네/아니오' 그림 제시해서 '과자줄까?'라고 반향어 말하는 대신 '네/아니오' 로 대답할 수 있도록 하기
	제스처 촉진	정확한 반응을 끌어내거나 이해를 돕기 위해 제스처를 사용한다.	"주세요"라고 말하면서 손 내밀기
	위치 촉진	아이에게 가까운 위치에 물건을 둔다.	탁자 위 빨간 자동차와 파란 자동차 중에서 파란 자동차를 아이 가까이 가져다 주면서 "파란 자동차 줘"라고 말하기
	직접 언어 촉진	아이가 해야 할 행동에 대해 직접적인 지시를 한다.	"아기에게 물을 줘" "신발 신어"
	열린 질문 촉진	행동에 대한 단서를 제공하기 위해 질문한다.	"이제 아기가 뭐 해야 하지?" "나가기 전에 뭐 해야 하지?"
	간접 언어 촉진	명시적인 질문이나 지시를 하지 않고 간접적인 언어 단서를 준다.	"아기가 목마른가봐" "어디로 갔는지 보여줘"

자폐 영유아와 함께 놀이하며 성장하기

촉진의 양 조절하기

이렇게 다양한 촉진을 한 번 놀이할 때 한 번씩 다 써야 하는 것인가요? 놀이하는 동안 아이에게 새로운 것을 가르치기 위해서는 계속 촉진을 해야 하는 것인가요? 아닙니다. 걱정마세요. 놀이 시간의 대부분은 아이와 함께 즐겁게 노는 것이 핵심입니다. 그러면서 살짝살짝 자연스럽게 배움의 기회를 넣어주는 것입니다. 아이의 주도를 따라서 아이가 원하는 대로 놀이를 하다가 아이를 모방하고, 아이가 따라 할 수 있도록 자연스럽게 모델링을 하면서 한 번, 아이와 차례를 주고받으면서 '네 차례야'라는 것을 알려주면서 한 번, '요리사님, 오늘은 브로콜리 먹고 싶어요'라며 브로콜리를 가리키며 한 번, 노래를 부르면서 '오리는 꽥꽥 오리는-' 기다리면서 한 번 하는 겁니다. 촉진은 한 번에 한 가지씩만 쓰기도 하고, 여러 촉진을 결합해서 사용해도 되고, 대놓고 도와줄 수도 있고, 슬쩍 도와줄 수도 있습니다.

적당한 양의 촉진하기

다양한 촉진을 무조건 많이 활용하는 것이 좋을까요? 도움을 주는 것보다 더 중요한 것은 점차적으로 도움을 줄여 결국엔 아이가 도움 없이 스스로 하는 것입니다. 시간이 지남에 따라 독립성을 높이기 위해 도움의 양을 조절해야 합니다. 촉진이 너무 많으면 아이는 독립적으로 할 기회를 잃습니다. 어느새 엄마 아빠의 주도 놀이가 되고 있을 수도 있습니다. 아이가 최대한 스스로 할 수 있는 기회를 주는 것이 먼저입니다. 아이는 아직 배우는 중이니 도움이 필요하다면 조금씩 촉진을 사용해보세요. 문제는 '적당한' 양의 촉진을 하는 것이 정말 어렵습니다. 그래서 의도하지 않았지만 끊임없이 잔소리(촉진)를 하거나 힌트 없이 아이가 스스로 해내도록 강하게 키우는 경우가 많습니다. 자신이 끊임없이 잔소리를 하는 타입이라면 세 번 할 촉진을 한 번으로 줄여보세요. 아이가 스스로 하길 기대하면서 5~10초 기다린 후에도 아이가 하지 못한다면 그때는 촉진을 사용해보세요. 놀이 시간 중 촉진을 사용하는 시간은 1/3미만으로 권합니다.

촉진의 강도를 조절하기

처음에는 많은 도움을 주다가 점차 줄여갈 수도 있고, 최소한의 도움에서 시작해서 점차 늘려갈 수도 있습니다. 아이의 수행에 따라 도움의 양을 유연하게 조절해야 하며, 아이의 반응이 부정확하거나 완전하지 않을 때에는 도움을 늘리고 아이가 점차 기술을 배

자폐 영유아와 함께 놀이하며 성장하기

우게 될수록 지원을 줄여야 합니다. 위의 표에서 직접적으로 도움을 주는 것부터 간접적으로 도움을 주는 순서로 촉진 방법을 정리해두었으니 촉진의 양과 수위를 조절하는데 참고하세요. 의사소통을 촉진할 때 가장 도움을 적게 주는 방법인 시간 지연은 기대하는 눈빛만 보내는 것이기 때문에 엄마 아빠가 뭔가 '시킨다'는 느낌이 덜 합니다. 대신 아이가 뭘 해야 할지 잘 알지 못할 때는 아이의 입장에서 막막하게 느껴질 수도 있습니다. 반대로 가장 도움을 많이 주는 방법인 언어 모델링 촉진은 엄마 아빠가 말하는 것을 따라 말해야 하기 때문에 엄마 아빠가 원하는 것을 해야 할 것 같은 부담이 듭니다. 하지만 엄마 아빠가 기대하는 것이 무엇인지 명확하게 알려주기 때문에 가장 명확한 힌트가 될 수 있습니다. 모두에게 가장 좋은 촉진은 없습니다. 모든 촉진을 매 단계에 따라 사용할 필요도 없고, 아이에게 적절한 수준으로 보이는 몇 가지 촉진 방법을 선택하면 됩니다. 한 가지 목표행동에는 최대 3-4가지 촉진을 사용하는 것을 권합니다. 한 번의 놀이 안에서 아이의 반응에 따라 여러 가지 촉진을 사용할 수도 있고, 며칠에 걸쳐 같은 놀이를 반복하면서 아이의 수행에 따라 여러 가지 촉진을 사용할 수도 있습니다.

촉진의 강도를 조절하는 대표적인 방법 두 가지

최대-최소 촉진은 가장 많은 도움을 주는 것에서 시작해 점차 촉진의 양을 줄여가는 방법으로, 처음에는 아이가 오류 없이 모든 학습 기회에서 성공할 수 있게 하여 많은 강화를 받을 수 있게 합니다. 이 방식은 학습 과정에서 아이의 좌절감을 줄이기 위해 사용됩니다. 예를 들어, 아이에게 작은 별 노래의 율동을 알려준다고 할 때 처음에는 노래를 부르면서 아이의 팔을 직접 잡고 율동을 같이 해주는 전체 신체 촉진을 사용합니다. 여러 번 반복을 통해 아이가 익숙해지면 아이와 마주 보고 엄마 아빠가 율동을 하는 모습을 보여줍니다(행동 모델링). 아이가 엄마 아빠 율동을 보면서 잘 따라 하게 되면 그 다음에는 노래만 불러주면서 스스로 하도록 하면서 말로 얘기해주는 것입니다. "손 반짝반짝 해야지"(직접 언어 촉진). 짜잔, 아이는 이제 혼자 작은 별 노래 율동을 할 수 있게 되었습니다.

최소-최대 촉진은 아이에게 최대한의 독립적인 수행 기회를 제공한 뒤, 아이의 수행 수준에 따라 점점 더 지지적인 촉진을 제공하는 것입니다. 이 방식은 아이의 독립성을 높이기 위해 사용됩니다. 예를 들어, 소꿉놀이를 할 때 '배고파요'라고 말하고(간접 언어 촉진) 아이가 요리하기를 기다려보다가 아이가 반응이 없으면 '오늘 요리는 뭐예요?'라고 질문하고(열린 질문 촉진) 또 기다려보다가 아이가 대답을 하거나 음식을 만드는 시늉을 하지 않을 때 '딸기주스 주세요'라고 요구하는(직접 언어 촉진) 것입니다.

촉진 줄이기

초등학교 2학년 정하는 수학 학습지를 아빠랑 풀면 다 맞는데, 똑같은 학습지를 학교에서 풀면 다 틀렸습니다. 정하는 왜 집에서만 잘하고 학교에서는 못했을까요? 정하와 아빠의 공부 시간을 들여다봐야겠습니다. 첫 번째 문제, 1+1=3, 아빠를 바라봅니다. 아빠가 아무 말도 안 합니다. 슬쩍 지우고 다시 씁니다. 1+1=2, "옳지!" 아빠의 추임새에 정하는 다음 문제로 넘어갑니다. 2+1=3, "응, 다음 문제" 정하가 다 맞은 비결, 찾으셨나요?

정하는 정말 덧셈을 할 줄 아는 걸까요? 아니면 아빠의 미묘한 힌트를 잘 읽는 걸까요? 아이는 확실히 엄마 아빠의 도움이 있으면 도움이 없을 때보다 더 잘합니다. 아빠의 침묵은 아이에게 힌트가 됩니다. 아빠의 '옳지'는 이게 정답이야!라는 단서가 됩니다. 무언의 알려주기와 도움도 모두 촉진의 일부입니다. 그런데 우리의 목표는 무엇인가요? 아빠가 도와줘서 수학 시험에 100점 맞는 게 목표인가요, 아니면 엄마 아빠가 없이도 덧셈 문제를 스스로 풀 수 있는 게 목표인가요?

촉진의 최종 목표는 엄마 아빠가 의도한 행동을 아이가 도움 없이 스스로 하게끔 하여 촉진할 필요가 없어지는 것입니다. 처음에는 아이가 성공할 수 있도록 촉진을 사용해야 하지만 시간이 지나도 지속적으로 촉진을 하면 아이는 스스로 할 수 있는 능력을 얻기보다는, 촉진에 의존하여 행동하거나 촉진이 없으면 행동을 하지 않는 패턴으로 이어질 수 있습니다. 아빠의 힌트에 따라 문제를 푸는 정하처럼요. 처음에는 엄마 아빠가 미리 알려주고 도움을 주면 할 수 있었던 행동이 자연적인 상황에서 촉진이 없어도 스스로 할 수 있게 하려면 촉진을 점차 줄여야 합니다.

기다리기

아이가 어느 정도 혼자 할 수 있다고 판단되면 아이가 스스로 할 수 있는 기회를 주세요. 가장 쉽게 사용할 수 있는 방법은 기다려주는 것입니다. 아이가 드디어 작은 별 노래 율동을 혼자 할 수 있게 되었습니다. '우리 반짝반짝 작은 별 할까?' 하고 천천히 노래를 부르기 시작합니다. 아이가 스스로 손을 움직여 율동을 하면 이제 더 이상 촉진이 필요하지 않은 것입니다. 만약에 못하면 그때는

자폐 영유아와 함께 놀이하며 성장하기

다시 도와주면 됩니다. 노래하자, 하고 바로 알려주는 것이 아니라 아이가 스스로 할 수 있는 시간을 주세요. 오늘은 3초만 기다렸는데 아이가 전혀 모르는 것 같습니다. 그러면 그때 엄마 아빠가 손을 반짝반짝 하는 것을 보여줍니다. 내일은 5초 기다려봅니다. 아이가 4초만에 스스로 반짝반짝을 합니다. 성공! 모레는 10초 기다려봅니다. 아이가 스스로 할 수 있도록 기다리는 시간을 점점 늘려가 보세요.

촉진의 영향력을 서서히 줄이기

촉진에 의존하지 않게 하기 위해서는 촉진이 행동과 한 세트가 되지 않도록 해야 합니다. 아이가 목표행동을 배우는 동안에 잠시 사용하고 목표행동을 할 수 있게 되면 촉진은 사라져야 합니다. 촉진을 줄이는 것을 영어로 페이드 아웃fade out이라고 합니다. 영화를 볼 때 영상이 점점 어두워지다가 까만 화면이 되고, 음향이 서서히 작아지는 것을 페이드 아웃이라고 합니다. 촉진을 줄이는 것도 마찬가지입니다. 아이가 어떤 행동을 해야 하는지 알려주고 도움을 주는 것은 서서히 사라져야 합니다. 점점 작고, 티가 나지 않는 힌트를 사용해서 촉진의 영향력을 점점 줄여주세요. 위에서 안내한 촉진의 방법이 아니더라도 괜찮습니다. 창의력을 발휘해보세요. 촉진이 없더라도 아이가 스스로 할 수 있는 기회를 주고, 성공했을 때 격하게 기뻐하세요. 아이의 목표행동은 보상을 통해 자연스레 강화됩니다.

자폐 영유아와 함께 놀이하며 성장하기

자연적인 강화
제공하기

행동의 3요소 ABC에서 우리는 아이가 목표행동을 하면 적절한 후속결과(보상)를 제공함으로써 아이의 목표행동을 강화한다고 하였습니다. 아이는 자신의 행동이 어떠한 즐거운 결과를 가져온다는 것을 알게 되고, 다음에 동일한 필요가 있을 때 기억을 끌어내 다시 지난 번처럼 행동하게 됩니다. 행동 강화 과정에서 보상은 목표행동 발생의 빈도를 높이는 데 결정적인 역할을 합니다. 그렇다면 어떤 보상이 목표행동 발생 가능성을 더 높일 수 있을까요? 사례를 보며 생각해봅시다.

가영이의 목표는 다른 사람에게 함께 놀자고 제안하는 것입니다. 가영이는 놀이 시간에 아빠에게 '아빠, 같이 놀자'라고 이야기 했습니다. 가영이에게 어떤 보상을 하면 다음에도 또 '같이 놀자' 라고 이야기하게 할 수 있을까요?

① '와! 가영이가 아빠한테 같이 놀자고 했어? 정말 멋지다! 최고야!' 칭찬 하기
② 잘했다며 가영이가 좋아하는 젤리 한 개 주기
③ '그래 같이 놀자!' 하고 함께 놀기
④ 가영이와 약속한 대로 칭찬스티커 한 개 주기

네 가지 보상 모두 우리가 일상생활에서 흔히 사용하는 보상입 니다. 네 가지 보상은 모두 가영이가 즐거워하는 보상이기 때문에 다음에 '같이 놀자'라고 이야기 할 확률을 높일 수 있습니다. 그런 데 네 가지 보상을 자세히 살펴보면 한 가지 보상은 나머지 세 가 지 보상과 성격이 좀 다르다는 것을 발견할 수 있습니다. 가장 바 람직한 보상은 무엇일까요? 3번입니다. 3번은 가영이가 한 행동 (같이 놀자고 말함)의 의도(같이 놀고 싶음)를 반영한 보상입니다. 가 영이는 같이 놀자고 해서 같이 놀게 되었고, 다음에 또 같이 놀고 싶을 때에 '같이 놀자'고 말하면 된다는 것을 배웠습니다.

자폐 영유아와 함께 놀이하며 성장하기

이와 반대로 나머지 1, 2, 4번은 가영이의 행동의 의도와는 직접적인 관련이 없는 보상입니다. 가영이의 목표행동이나 맥락과 아무런 관련이 없습니다. 관련이 없는 보상도 새로운 행동을 가르치는데 도움이 될 때가 있습니다. 특히 전통적인 행동지원전략에서 종종 사용하는 마이쮸 조각은 너무 맛있어서 그것을 얻기 위해 '선생님이 시키는 것이라면 무엇이든 하리라' 하는 강력한 의지를 불러일으키기도 합니다. 그렇지만 마이쮸가 없어도 아이는 그 행동을 계속하게 될까요? 마이쮸를 얻기 위해 시켜서 하는 말은 의미가 없습니다. 아이는 자신이 원하는 의사표현을 하고, 그에 맞는 보상을 받아야 합니다. 같이 놀자고 하면 같이 놀아야 하는 것입니다. 같이 놀자고 했는데 칭찬해주고, 맛있는 거 주고, 선물은 주는데 같이 놀지는 않으면 아무리 매력적인 보상이라 할지라도 그것은 의사소통이 아니라 의사불통입니다. 아이의 의도에 맞는 찰떡같은 보상이 주어질 때 아이는 더욱 적극적으로 의사소통을 하게 됩니다.

자연적 강화

아이가 목표행동을 했을 때 그 행동과 직접적으로 관련된 반응을 제공하는 것을 자연적 강화natural reinforcement라고 합니다. 자연적 강화는 대체로 아이가 실제 상황에서 목표행동을 했을 때 발생할 수 있는 자연스러운 결과입니다. 가영이가 친구에게 '같이 놀자'라는 말을 한다면 가영이는 어떤 결과를 얻을 수 있을까요? 친구가 '그래 같이 놀자!' 하고 함께 즐겁게 놀이합니다. '집에 가고 싶어'라고 말했더니 놀이를 마무리하고 집에 갑니다. 아이가 놀잇감을 가져오면 함께 놀이하고, 손을 잡아끌어 위에 있는 물건을 꺼내달라고 요구하면 그 물건을 꺼내줍니다. '어떤 놀이할까?' 하는 질문에 아이가 자동차를 가리키면 자동차 놀이를 함께합니다. 수도를 틀었을 때 물이 나오는 것이 자연적인 결과이듯, 아이가 자신의 행동에 자연스럽게 따라오는 결과를 얻게 함으로써 행동의 발생 확률을 높이는 것이 자연적 강화입니다.

자연적 강화는 관련이 없는 보상을 제공하는 것보다 여러 면에서 긍정적인 영향을 미칩니다. 먼저, 자연적인 보상은 관련이 없는 보상보다 아이의 동기부여에 더 효과적입니다. 아이는 재미있을 때, 좋아하는 일을 할 때, 하고 싶을 때 열심히 합니다. 아이가 스스로 동기가 생겨 놀이에 참여할 때, 아이는 새로운 행동을 쉽게 배울 수 있습니다. 관심의 초점 넓히기 전략에서 아이의 특별한 관심 영역을 활용하는 것도 자연적 강화입니다. 아이가 좋아하는 소방

자폐 영유아와 함께 놀이하며 성장하기

차 출동 놀이 안에서 새로운 놀이를 가르치게 되면 아이는 자신이 좋아하는 소방차 놀이가 이어지기 때문에 새로운 놀이에 참여하는 것이 자연적인 보상이 되어 놀이를 지속하게 됩니다. 또한, 자연적 강화는 관련 없는 보상에 비해 목표 기술을 더 빠르고 안정적으로 배울 수 있게 합니다[22][23]. 아이는 딸기를 말해도 포도를 말해도 마이쮸를 받을 때보다, 딸기를 말했을 때는 딸기를, 포도를 말했을 때는 포도를 받을 때 자신의 행동이 어떤 영향을 미치는지 정확히 알 수 있습니다. 또한, 자신의 의도가 담긴 행동의 강력한 효과를 바로 확인할 수 있기 때문에 더 쉽게 배웁니다. 그뿐만 아니라 실제 상황에서 목표행동을 했을 때 발생할 수 있는 자연스러운 결과이기 때문에 다른 놀이 상황으로 일반화되기 쉽습니다[24]. 아빠에게 '같이 놀자'라고 제안하고 아빠와 놀이를 보상으로 얻은 가영이는 친구를 만나서도 '같이 놀자'고 제안합니다. 그래서 또 친구와 같이 노는 보상을 얻게 되면 가영이는 또 새로운 친구를 만나서도 함께 놀고 싶을 때 '같이 놀자'고 이야기하게 됩니다.

그렇다면 어떻게 자연적 강화를 제공할 수 있을까요? 자연적 강화 제공하기 전략은 크게 세 가지로 구성됩니다.

① 자연적인 보상 찾기

② 적절한 방법으로 강화하기

③ 동기를 높게 유지하기

자연적인 보상 찾기

♥

아이가 좋아하는 모든 것은 보상이 될 수 있습니다. 그렇지만 자연적인 보상은 아이의 말 또는 행동과 직접적인 연결이 되어야 합니다. 아이의 목표행동에 가장 직접적으로 연결된 보상은 무엇일지 찾아보세요. 같은 보상이라도 어떤 때는 자연적인 보상이 될 수 있고, 어떤 때는 아닐 수도 있습니다. 예를 들어, 아이가 젤리를 달라고 요구할 때 젤리를 주는 것은 자연적인(자연스러운) 보상이지만 아이가 '우유'라고 말했을 때 젤리를 주는 것은 관련이 없는 보상입니다. 아이가 엄마 아빠에게 자신이 쌓은 블록을 자랑했을 때 우와! 하며 박수를 치는 것은 자연적인 보상이지만 아이가 '우유'라는 말을 했을 때 박수를 치는 것은 관련이 없는(인위적인) 보상입니다. 아이와의 놀이 상호작용 안에서 맥락에 맞는 보상을 찾아보세요.

자폐 영유아와 함께 놀이하며 성장하기

아이가 원하는 것 해주기

아이와 엄마 아빠의 모든 상호작용 속에서 아이가 원하는 것을 해주는 것, 즉 아이의 의사소통 의도에 적절하게 반응하는 것은 가장 간단하고 강력한 자연적인 보상입니다. 아이의 주도를 따르는 것은 이미 자연적인 보상이고 강화가 되는 것입니다. 아이가 '엄마!'를 불렀어요. '응?' 하고 대답합니다. 아이가 원하는 것이 뭔가요? 엄마의 관심을 끌어오는 것입니다. 그래서 엄마가 대답(자연적보상)을 한 것입니다. 아이는 다음에 엄마의 관심을 끌어오기 위해또 '엄마'라고 부를 것입니다(자연적 강화). 간식 시간에 '우유랑 주스 중에 뭘 줄까' 물어보니 아이가 우유를 달라고 합니다. 그럼 우유를 줍니다. 아이가 도와달라고 하면 도와줍니다. 아이가 그만하고 싶다는 의사를 표현할 때 놀이를 중단하고 다음으로 넘어갑니다.

함께 재미있게 놀이하기

자연적인 보상이라고 해서 꼭 엄마 아빠로부터 무언가를 얻어내야만 하는 것은 아닙니다. 아이가 자동차를 가지고 놀이합니다. 엄마 아빠는 매일 하던 소방차 출동 놀이에서 조금 놀이를 확장해서 병원놀이를 함께 해주었습니다. 그동안의 소방차 출동 놀이보다 훨씬 더 재미있었습니다. 아이는 다음에 자동차 놀이를 할 때

병원놀이를 또 하자고 엄마 아빠한테 제안합니다. 놀이의 원동력이 즐거움입니다. 재밌으면 또 놀고 싶어집니다. 함께 재미있게 놀이하는 것만으로도 아이는 놀이의 목적인 즐거움을 충분히 달성할 수 있었고, 그래서 다음에 놀이에 더욱 적극적으로 참여할 것입니다. 엄마 아빠의 미소, 웃음, 관심, 좋아하는 장난감을 함께 가지고 놀기 등 아이가 놀이를 더 즐겁게 여길 수 있는 모든 것은 자연적인 보상이 될 수 있습니다.

칭찬하기

아이가 미술 작품을 자랑할 때, 아이가 엄마 아빠의 부탁을 들어주었을 때, 칭찬은 그 자체로 자연적인 보상이 됩니다. 하지만 칭찬은 아이의 목표행동과 직접적인 관련이 없어 보일 때가 있습니다. 아이가 우유라고 말했을 때 우유를 주지 않고 박수만 친다면 그것은 맥락에 맞지 않는 보상입니다. 그러나 자연적인 보상과 결합한 칭찬은 중요한 자연적인 보상이 될 수 있습니다. 예를 들어, 아이가 '우유'라고 말했을 때 우유를 건네 주면서 '우와. 하영이가 엄마한테 우유 달라 했어? 맞아 우-유-. 우유 마셔'라고 칭찬하는 것은 엄마가 가르치고 싶은게 우유다!라는 것을 알려주는 역할을 합니다. '같이 놀자'라고 말하면 조용히 같이 노는 것이 아니라

자폐 영유아와 함께 놀이하며 성장하기

'와! 가영이가 아빠한테 같이 놀자고 했어? 정말 멋지다! 최고야! 그래 같이 놀자!'라고 해주세요. 아이가 '아, 내가 같이 놀자고 말한 게 효과가 있었구나' 하고 콕 집어서 이해하게 도와주세요.

또한, 자폐 아이의 경우 사회적인 칭찬에 큰 관심을 기울이지 않는 경향이 있습니다. 이럴 때는 칭찬을 가시적인 보상과 결합함으로써 칭찬에 좋은 이미지를 덧입힐 수 있습니다. 아이는 보상과 함께 오는 칭찬을 긍정적으로 인식하게 되고, 점차 칭찬만으로도 좋은 보상이 될 수 있습니다.

적절한 방법으로 강화하기

강화 전략은 체계적으로 사용해야 합니다. 어떤 행동을 강화할지, 어떤 자연적 보상을 제공할지, 언제 강화할지 계획을 세워서 체계적으로 사용해야 합니다.

목표행동을 했을 때 보상하기

보상은 아이가 예쁠 때마다 주는 것이 아닙니다. 새로운 말과 행동을 가르치려면 아이가 목표행동을 할 때 적절한 보상을 주어야 합니다. 아이가 '아, 내가 어떤 행동을 하면 이것을 얻을 수 있구나!' 하고 행동과 결과를 연결지을 수 있도록 지속적으로 알려주어야 합니다. 울거나 떼쓸 때 아이가 좋아하는 것을 내어주면 아이는 자신이 할 수 있는 가장 쉬운 방법인 울거나 떼쓰는 방식으로 원하는 것을 얻어냅니다. 보상을 정했으면 꼭 목표행동을 통해 얻을 수 있게 해주세요. 자동차가 갖고 싶으면 '자동차'라고 말할 때 자동차를 주세요. '그만 먹고 싶다'고 이야기하면 식탁에서 내려올 수 있게 해주세요. 밥으로 장난치고 있을 때 식탁에서 내려오게 된다면 아이는 그만 먹고 싶을 때 밥으로 장난을 칩니다.

아이가 목표행동을 했을 때 자연적인 보상과 함께 눈맞춤, 미소, 칭찬을 곁들이면 자연스러운 상호작용을 이어갈 수 있습니다. '내가 이렇게 하면 원하는 것을 얻을 수 있구나'라고 생각하는 동시에 이 행동이 사회적으로 적절한 행동인 것을 알게 됩니다.

일관되게 보상하기

보상을 제공할 때에는 일관되어야 합니다. 목표행동이 '자동차'라고 말하기이고, 보상으로 장난감 자동차를 주기로 했다면 아이가 '자동차'라고 말할 때마다 장난감 자동차를 주어야 합니다. 엄마 아빠의 기분에 따라 보상을 주었다 말았다 하면 아이는 어떤 행

자폐 영유아와 함께 놀이하며 성장하기

동을 배워야 하는지 알 수 없습니다. 특히 새로운 말이나 놀이를 배울 때에는 아이가 더 적극적으로 연습에 참여할 수 있도록 목표 행동을 할 때마다 보상해주세요.

즉시 보상하기

자연적 강화는 대체로 행동을 하는 즉시 보상이 가능합니다. 자동차를 가리켰을 때 자동차를 꺼내주는 것은 자연적인 강화인 동시에 즉각적인 보상입니다. 아이는 자신의 행동에 대한 즉각적인 보상을 받음으로써 이후에 그 행동을 더 많이 하게 됩니다. 아이가 자동차라고 말했는데 한참 뒤에 '아까 자동차라고 말한 것 정말 잘했어. 여기 있어'라고 자동차를 건네면 아이는 왜 자동차를 받는지 이해하지 못합니다.

아이가 보상에 따라 목표행동을 하기 시작하면 우리는 욕심이 납니다. 보상이 이렇게 잘 통한다면 이 보상 하나를 최대한 알뜰하게 사용해 봐야겠다는 생각이 듭니다. 그래서 아이가 '우유'라고 이야기하면 우유를 주려다가 멈칫, '주세요 해봐' 라든가 '우유 줄까?' 질문을 해서 '네'라는 대답을 기대합니다. 이러면 정말 곤란합니다. 아이는 분명 '우유'라고 말했습니다. 그러면 그걸로 된 것입니다. 이미 표현한 것에 대해서 즉시 보상을 해주세요. 그리고 '주세요'와 '네'는 다른 상황에서 또 다른 보상을 주면서 가르치면 됩니다. 아이가 '우유'라고 말했을 때 우유를 주고, '더 줄까?' 물어봐서 아이가 '네'라고 대답하면 그때 우유를 또 주면 됩니다.

다음 목표행동으로 넘어가기

강화를 통해 아이가 목표행동을 잘할 수 있게 되면 다음 단계로 넘어가세요. '자동차'라고 말하기를 성공한 다음에 장난감 자동차라는 매력적인 보상을 사용해서 아이에게 가르칠 수 있는 다른 목표행동은 무엇이 있을까요? '자동차 주세요'를 해도 되고 빨강 파랑 색깔을 선택하는 것도 좋습니다. 예전에는 '자동차'라고 말할 때 자동차를 줬는데 이제는 아이가 '자동차'라고 말할 때는 가만히 기다리다가, '자동차 주세요'라고 문장을 이야기할 때 자동차를 줍니다. 혹은 '자동차'라고 말할 때 '무슨색 자동차 줄까?' 하고 물어보고 아이가 색깔을 선택하면 그 색 자동차를 건네주면 됩니다.

보상의 매력을 유지하기

보상은 매력적이어야 합니다. 엄마 아빠가 선택한 보상이 아이에게 계속 매력적인지 지속적으로 점검해보세요. 공놀이를 좋아하는 아이에게는 공놀이가 매력적인 보상이 될 수 있지만, 공놀이를

자폐 영유아와 함께 놀이하며 성장하기

지겹도록 해서 이미 시들해진 아이에게는 공놀이는 더이상 매력적인 보상이 아닙니다. 어떠한 놀이를 할 때 엄마 아빠가 시키는 목표행동을 기꺼이 하는지 살펴보세요. 하루 종일 엄마 아빠 말은 듣는 척도 안 하는 아이가 '나갈까'라는 말을 듣는 순간 튀어나간다면 아이에게 가장 매력적인 보상은 밖으로 나가 노는 것입니다. 매력적인 보상은 아이에게 도전할 수 있는 힘과 용기를 북돋아줍니다.

또한, 매력적인 보상도 아무 때나 얻을 수 있는 것이라면 아이가 그것을 얻기 위해 특별한 노력을 할 필요가 없습니다. 어릴 땐 엄마 손을 끌고가서 우유를 달라고 하던 아이가 조금 크면 혼자 냉장고 문을 열어 우유를 꺼내 마십니다. 그러면 엄마에게 '우유'라고 말할 필요가 있을까요? 우유를 말하게 하려면 우유가 손에 닿지 않아야 합니다. 이미 의사소통 유혹하기에서 이야기했습니다. 손에 닿지 않는 곳에 두어야 아이가 말하고 싶어집니다. 자기가 같이 놀자 말하지 않아도 엄마가 이미 같이 놀아주고 있어요. 그럼 같이 놀자고 제안할 필요가 없습니다. 아이가 보상을 얻기 위해 노력할 기회를 만들어주세요.

동기를 높게 유지하기

♥

첫술에 배부를 수 없습니다. 아이에게 가르치고자 하는 새로운 행동은 한 번에 완성되지 못할 수도 있습니다. 목표로 한 행동을 완벽히 해낼 때까지 기다리면 아이는 성공하기도 전에 지쳐버릴지도 모릅니다. 도전한다는 것 자체가 중요합니다. 아이가 첫걸음을 떼는 순간을 축하하고 보상해주세요. 아이 스스로 하고 싶은 의지만 높게 유지할 수 있다면 아이가 목표를 달성하는 것은 시간문제입니다.

시도를 강화하기

아이에게 새로운 행동을 가르치기 위해서는 목표행동을 먼저 알려주거나 보여주고 스스로 해 보도록 기회를 주는 방법도 있지만, 아이가 의도하지 않았는데 그와 비슷한 행동을 했을 때 거기에 보상을 해줘서 그 행동을 강화하는 방법도 있습니다. 우리가 아이의 주도 따르기에서 많이 해본 것입니다. 아이가 '음…' 소리만 내도 '우와! 우리 아기가 엄마 했어? 엄마!' 하고 아이의 행동을 읽어주기도 했습니다. 시도를 강화하기는 바로 이런 것입니다. 아이의 무의미해 보이는 몸짓이나 시선도 의미있는 것으로 간주해서 보상을 해보세요. 아이와 간지럼놀이를 하는 중에 아이가 그냥 고개를 돌렸는데 마침 엄마와 눈이 마주쳤습니다. 그럴 때 '어? 또 해달라고?!' 하며 간지럽히면 아이는 눈맞춤이 보상을 받을 수 있는 행동이라는 것을 알게 됩니다. 아이가 팔을 뻗었을 때는 안아주세요. 같이 놀이를 하려고 했는데 아이가 엄마 손을 밀었어요. 그러면 '하지마?'라면서 아이의 의도를 읽고 후퇴해주세요.

목표로 하는 행동을 완벽하게 해내지 못할 때에도 칭찬해주세요. 한 걸음 한 걸음 도전할 때마다 듬뿍듬뿍 칭찬해주세요. 도전을, 성공을 함께 기뻐해주세요.

행동 만들어가기

목표행동에 대한 아주 작은 시도도 보상하는 것부터 시작해서 점차 더 정확한 목표행동으로 갈 수 있도록 조절해보세요. 아이에게 동그라미 그리기를 가르쳐볼까요? 처음에는 아이가 크레파스만 잡아도 '우와 멋지다!' 칭찬합니다. 그다음엔 아이가 점만 찍어도 칭찬과 보상을 제공합니다. 아이가 선을 그리는데 익숙해지면, 동그라미를 그리도록 유도합니다. 곡선이 보이거나 닫힌 도형의 형태를 만들어내면 '우와! 동글동글 동그라미 그렸다!' 하면서 아이가 그린 도형 안에 눈코입을 그려 넣어 예쁜 얼굴을 만들어줍니다. 엄마 아빠는 옆에서 함께 그리면서 모델링도 보여주고 아이가 흥미를 잃지 않도록 돕습니다. 아이가 점차 동그라미 그리기에 익숙해지면 동그라미를 제대로 완성할 수 있도록 지속적으로 유도하고, 아이의 노력에 대해 긍정적인 피드백을 합니다. 처음에는 선을 그리기만 해도 칭찬을 하지만 점점 아이가 익숙해질수록 선을 그릴 때는 칭찬을 줄이고 동그라미가 완성될 때에 칭찬을 해줍니다.

문장으로 말을 할 수 있는 아이가 '엄마'라고 말할 때 우리가 칭찬하지 않듯, 아이의 수준에 따라 목표가 변화하고 보상도 변화된 목표에 따라 주어야 합니다. 더 이상 보상하지 않아도 아이가 충분히 잘할 수 있겠다고 판단되면 강화를 줄여주세요. 그리고 새롭게 세운 목표행동을 체계적으로 강화해주세요.

쉬운 과제와 어려운 과제 함께 제공하기

학습은 '습득-숙달-유지-일반화'의 과정을 거칩니다. 새로 배운 행동(습득)이 여러 상황에 자유자재로 사용되기(일반화)까지는 지속적으로 연습해서 몸에 익숙하게 하고(숙달), 시간이 지나도 계속 그 행동을 하는(유지) 단계가 필요합니다.

목표행동을 한 번 했다고 해서 다음 목표로 바로 넘어가는 것보다는 익숙해질 수 있는 기회를 제공해야 합니다. 익숙한 과제와

자폐 영유아와 함께 놀이하며 성장하기

새로운 과제를 함께 제공해주세요. 어려운 것만 계속 해야 한다면 점차 집중력이 떨어지고 참여에 대한 동기도 낮아집니다. 하지만 그 와중에 익숙한 과제도 반복하면 아이는 자신있게 도전하고, 성취로 인해 더욱 즐겁게 참여하게 됩니다.

쉬운 과제와 어려운 과제의 비율은 상황에 따라 다르게 주어져야 합니다. 아이가 놀이에 적극적으로 참여하고 있고, 동기가 높다면 어려운 과제를 좀 더 많이 제시해도 좋습니다. 하지만 새로운 놀이를 시작하는 단계라면 이미 잘하고 있는 쉬운 과제들을 제공하여 놀이에 익숙해지는데 초점을 맞추어야 합니다. 아이에게 굉장히 매력적인 강화가 기다리고 있다면 아이는 어려운 과제에 좀 더 쉽게 도전할 수 있습니다. 이처럼 다양한 상황을 고려하여 아이에게 쉬운 과제와 어려운 과제를 적절히 섞어서 제공한다면 습득-숙달-유지-일반화의 고리를 지속적으로 쌓아갈 수 있습니다.

할머니는 어떻게
당근을 먹게 할까?

이번엔 우리가 평소 흔히 쓰는 전략을 하나 소개해보려 합니다. 이제 양치하고 잘 시간입니다. 아이는 양치하기 싫어서 이리저리 도망다닙니다. 아무리 불러도 오지 않는데 '얼른 양치하고 뽀로로 볼까?'라고 하는 순간 아이가 입을 벌리고 나타납니다. 크게 애쓰지 않고도 하기 싫은 일을 쉽게 할 수 있는 이 마법 같은 필승법, 모든 집에서 한두 가지씩 가지고 있으시죠?

사람들은 이 방법을 '할머니 규칙'이라고 합니다. 할머니집에서 밥을 먹을 때면 할머니가 '당근도 한 입 먹어볼까, 당근 한 입 먹으면 할머니가 서윤이 좋아하는 과자 줘야지' 하고 꼬시는 전략입니

자폐 영유아와 함께 놀이하며 성장하기

다. 엄마들은 어떻게 할까요? 주로 이렇게 말합니다. '당근이 얼마나 몸에 좋은데. 이거 먹어야 튼튼해지는 거야. 얼른 먹어' 거기에 한마디 더합니다. '안 먹으면 혼나! 싹싹 다 먹어!' 어떤 방식이 더 매력적인가요? 서윤이는 언제 당근을 더 기꺼이 잘 먹을까요?

할머니 규칙 = 프리맥 원리

'할머니 규칙'은 프리맥 원리Premack's principle라고도 불리는데, 이론을 증명해낸 학자 데이비드 프리맥David Premack의 이름을 딴 것입니다. 이 원리의 핵심은 어떤 '행동'이 다른 '행동'의 보상으로 작용할 수 있다는 것으로, 아이가 평소에 잘 하지 않는 행동을 하도록 하기 위해 좋아하는 행동을 보상으로 사용하는 것입니다. 평소에 잘 하지 않는 행동(낮은 빈도의 행동)을 하는 조건으로 평소에 즐겨 하는 행동(높은 빈도의 행동)을 보상으로 내걸면 평소에 잘 하지 않는 행동이 강화됩니다. 평소 아이가 너무나도 싫어하는 당근이지만 꾹 참고 한 입만 먹으면 할머니가 주시는 과자를 먹을 수 있으니, 이 정도면 괜찮은 거래지요? '당근 먹기' 행동을 하면 '과자 먹기' 행동을 할 수 있다는 조건은 아이가 당근을 먹는 행동을 더 많이 하게끔 합니다.

여기서 '당근 먹기' 행동을 더 많이 하게 하기 위해 몇 가지 생각해 볼 문제가 있습니다. 먼저 만약 서윤이가 할머니가 준비한 과자를 싫어한다면 어떨까요? 서윤이는 그래도 당근을 먹을까요? 다음으로 만약 서윤이 집에 과자가 차고 넘친다면 어떨까요? 서윤이는 그래도 당근을 먹을까요? 마지막으로 만약에 할머니가 준비한 과자를 먼저 먹고 이제 당근을 먹을 차례, 하면 서윤이는 기꺼이 당근을 먹을까요? 세 가지 질문의 답은 모두 '아니요'입니다. 맛없는 과자를 위해 애쓸 필요는 없지요. 집에 가면 당근을 먹지 않아도 쉽게 얻을 수 있는 과자를 위해서 애쓸 필요도 없고요. 이미 과자를 얻었는데 굳이 당근 먹는 노력을 한다? 그럴 리가 없습니다. 여기서 얻을 수 있는 교훈은 무엇일까요?

매력적인 보상 찾기

앞서 강화에서 다뤘던 것처럼 어떤 행동에 대한 보상은 아이에게 매력적이어야 합니다. 초코 과자를 좋아하는 서윤이에게는 '초코 과자를 먹을 수 있다'고 해야 통합니다. 서윤이가 좋아하지 않는 '감자칩을 줄게'로는 서윤이를 움직일 수 없습니다. 아이가 기꺼이 움직일 수 있을 만큼 매력적인 보상 행동을 찾아보세요. 이해

자폐 영유아와 함께 놀이하며 성장하기

를 돕기 위해 먹는 행동으로 예를 들었지만 아이가 평소 좋아하는 것은 무엇이든 보상이 될 수 있습니다. '뚝 그치고 엄마한테 오면 안아줄게'도 프리맥 원리를 활용한 훌륭한 예입니다. 안아주는 것은 정말정말 매력적인 보상이죠. 울면서 오면 엄마가 안아주지 않지만, 뚝 그치고 오면 꼭 안아주니까 아이는 눈물을 훔치고 엄마에게 안깁니다. '두 번만 더 먹으면 그만 먹어도 돼'도 잘 통합니다. 식탁에서 벗어나기 위해 순식간에 뚝딱 두 번 먹고 갑니다. 이처럼 매력적인 보상은 보상을 받기 위해 원하는 특정 행동의 가능성을 높입니다.

보상을 목표행동과 연결하기

매력적인 보상을 찾았다면 그 다음에는 그 보상을 특정 행동을 통해서만 얻을 수 있어야 매력이 유지됩니다. 당근을 먹어야만 과자를 먹을 수 있어야 합니다. 당근을 먹든 안 먹든 과자를 먹을 수 있다면 굳이 당근을 먹을 필요가 없습니다. 당근을 먹을 때에만 맛있는 과자를 받을 수 있다면, 서윤이는 금세 당근을 먹게 될 것입니다. 자기가 울음을 그쳐야 엄마가 안아준다는 것을 알게 되면, 아이는 좀 더 울음을 쉽게 그칠 것입니다.

여기서 의문이 생깁니다. 앞에서 보상은 그 행동을 했을 때만

허용되는 것이어야 한다고 했는데…? 엄마가 안아주는 행동은 아이가 울다 그쳤을 때가 아니어도 자주 일어나는데 그렇다면 안아주는 행동은 매력적인 보상이 될 수 없는 걸까요? 아니요. 안아주는 행동은 충분히 매력적인 보상이 될 수 있습니다. 지금은 안기고 싶을 때 아이가 마음대로 안길 수 있지 않고, 엄마의 마음대로 안길 수도 안기지 못할 수도 있으니까요. 핵심은 아이가 원하는 행동이 엄마 아빠의 통제 하에 있으면 됩니다. '우리 산책 갈까? 양말 가져와, 양말 신고 신발 신고 산책 가자'라고 하면 '양말 가져오는 행동'을 하기 전까진 산책을 갈 수 없으니 매일 하는 산책도 적절한 보상이 될 수 있습니다. 엄마가 만들어주는 간식도 마찬가지입니다. 늘 댓가 없이 주던 간식도 지금 당장 '손을 씻는 행동'을 하기 전엔 받을 수 없다면 충분한 보상이 됩니다. 아무 때나 먹을 수 있는 식탁 위 바구니에 가득 담긴 과자와의 차이를 이해하셨나요?

먼저 – 그다음 First – Then

자폐 아동을 위한 시각적 지원으로 자주 사용되는 '먼저 – 그다음' 전략은 할머니 규칙이 시각화된 전략입니다.

다음 그림에서처럼 먼저 해야 할 일을 알려주고, 그런 다음에 무엇을 할 수 있는지를 알려주는 시각적인 지원을 하는 것입니다.

자폐 영유아와 함께 놀이하며 성장하기

출처: https://blog.naver.com/happy_aba/222358899963

'먼저'에는 아이가 해야 할 일을 제시하고, '다음'에는 아이가 좋아하는 일을 제시하면 됩니다. 이 시각적 지원 판은 '네가 먼저 ○○을 하면, 다음에 이걸 얻을 수 있어'라는 것을 시각적으로 알려주는 것입니다. 여기서 핵심은 순서입니다. 해야 할 행동을 먼저 해야만 다음 행동을 할 수 있습니다. 그렇게 하지 않고 '당근 꼭 먹을거지? 그럼 과자 한 개만 먹고 바로 당근 먹는 거야' 하면 과자만 주고 당근은 먹지도 않고 끝날지도 모릅니다.

할머니 규칙을 놀이에 적용하기

♥

이런 '할머니 규칙'은 놀이에도 적용할 수 있습니다. 수영이는 클레이 만지는 것을 별로 좋아하지 않았습니다. 그런데 수영이는 장난감 오븐을 정말 좋아했습니다. 오븐 문을 열면 불이 들어오고 문을 닫으면 불이 꺼지고, 다이얼을 돌리면 다다다다 소리가 나면서 시간이 줄어들다가 땡! 하고 종이 울리거든요. 엄마가 야심차게 클레이와 장난감 오븐을 준비한 첫 날, 수영이는 클레이는 거들떠보지도 않은 채로 장난감 오븐의 문을 열었다 닫았다 하며 다이얼을 돌려 시간이 줄어드는 모습만 열심히 지켜봤습니다. 엄마는 분명 클레이 놀이를 하기 위해 수영이가 좋아하는 장난감 오븐을 가져왔는데 클레이가 찬밥이 된 것입니다. 이럴 때 사용할 수 있는 것이 '할머니 규칙'입니다. "수영아, 오늘도 우리 장난감 오븐 놀이 할까?" 수영이는 기꺼이 좋다고 합니다. "안녕 수영아. 오늘도 나와 놀이하고 싶으면 클레이로 음식을 만들어와야 해. 음식을 가져오면 내가 맛있게 구워 줄게! 그럴 수 있지?" 우와! 오븐이 수영이에게 말을 하네요. 첫 번째 규칙, 매력적인 보상이 준비되었습니다. 수영이와 엄마는 쿠키를 만들기로 했습니다. 그러자 수영이가 갑자기 클레이로 쿠키를 만들어서 오븐에 쏙 넣었다는 아름

다운 이야기로 끝나면 좋겠지만 당연히 그런 일은 일어나지 않았습니다. 엄마가 클레이를 꺼내는 순간 수영이는 오븐으로 달려갑니다. 아마 수영이가 말을 잘했다면 이런 말을 했을 것입니다. '엄마는 피자 만들어, 나는 오븐 가지고 놀고 있을게' 이런 상황이라면 어떻게 해야 할까요? 두 번째 규칙, 보상은 특정 행동에 따른 결과로 얻을 수 있을 때에만 매력적인 보상이 됩니다. 오븐을 수영이 눈에 아주 잘 보이는 곳에 올려 두면서 이렇게 얘기하는 것입니다. "수영아. 내가 여기서 수영이가 얼마나 맛있는 음식 만드는지 보고 있을게. 얼른 만들어줘. 빨리 구워 주고 싶다" 수영이가 너무너무 좋아하는 장난감 오븐을 빨리 가지고 놀려면 클레이로 뭐라도 하나 만들어야 합니다. 수영이는 엄마가 만들어 놓은 반죽을 모양틀로 꾹 찍어 동그란 쿠키를 만들었습니다. 엄마 따라 길쭉길쭉 반죽을 밀어 길다란 쿠키도 하나 만들었습니다. "우와, 수영이가 멋진 쿠키를 만들었구나! 그럼 이제 내 차례네. 내가 맛있게 구워 줄게!"하며 장난감 오븐을 내려주면 수영이는 신나게 문을 열어 쿠키를 넣고 문을 닫고 다이얼을 돌려 시간이 줄어드는 모습을 지켜봅니다. 땡! "맛있는 쿠키 완성! 수영아, 또 만들어줘. 내가 또 여기서 기다릴게!" 장난감 오븐은 다시 위로 올라가고 수영이는 부지런히 쿠키를 만듭니다.

할머니 규칙 쉽게 적용하기

♥

저희 집에서 자주 사용하는 보상은 산책 가기, TV 보기, 간식 먹기, 엄마 아빠랑 보드게임 하기 등이 있습니다. 혹시 제가 사용하는 프리맥 원리의 숨겨진 비법을 찾으셨나요? 제가 보상으로 활용하는 행동은 사실 저희 아이들이 그 멋진 행동을 하지 않아도 원래 당연히 자주 하는 일들입니다. 당연히 간식 먹고, 산책 가고, TV 봅니다. 하루 일과가 일찍 끝나는 저녁이나 주말에 여유가 있을 때엔 온가족이 모여서 보드게임을 합니다. 원래 아이의 일과 안에 있고 아이가 좋아하는 것을 보상 행동으로 정하면 일상생활이 더 재밌고 매력적으로 변합니다. 하루 종일 신나게 놀고 어질러진 집을 정리해야 할 때 어떻게 하면 아이들이 부지런히 다 치우며 정리하게 할 수 있을까요? 할머니 규칙을 사랑하는 저희 남편이 가장 자주 하는 말입니다. "아빠랑 게임 할 사람?"

3부

일상에서

빨래 개기 하나로
완성하는 NDBI

'채은아, 빨래 개자!'

채은이가 저 멀리서 달려옵니다. 빨래 건조대에 있는 마른 옷 가지들을 획 잡아당겨 던집니다. 어느새 수북이 쌓인 옷가지는 채은이의 놀이터가 됩니다. 채은이는 익숙하게 옷 더미를 뒤져 자신의 옷을 찾아냅니다. '엄마도 채은이 옷 찾아야지~ 여기!' 채은이와 엄마는 보물찾기를 하듯 옷 찾기 놀이를 합니다. 채은이가 빨강 티셔츠를 집어들자 엄마가 얘기합니다. '우와 채은이 빨강 티셔츠 찾았다! 야옹이 원피스도 찾아줘' 채은이는 옷 더미를 다시 뒤지려다 멈칫, 어리둥절한 표정으로 엄마를 보더니 자신의 옷을 내려

자폐 영유아와 함께 놀이하며 성장하기

다보고는 엄마를 쳐다봅니다. '아하, 야옹이 원피스 채은이가 입고 있었구나!' 채은이와 엄마의 눈이 마주치고 싱긋 웃습니다. '엄마는 수건 갤 거야. 채은이는 채은이 손수건 개' 엄마와 채은이는 나란히 앉아 수건을 갭니다. 채은이는 엄마처럼 손수건의 모서리를 잡고 반을 접습니다. '이번엔 뭐 할까?' 채은이가 언니의 양말을 한 짝 집어 듭니다. '오, 짝꿍 찾아줘야겠네' 짝꿍을 만난 양말을 포갠 채은이는 엄마에게 양말을 내밀면서 '도-' 라고 말합니다. '아, 채은이 도와줘?' 엄마는 양말 한쪽 귀퉁이를 잡고 반쯤 뒤집어 채은이에게 내밉니다. '쏘옥!' 채은이와 엄마가 힘을 합쳐 해냈습니다. '우와! 성공!' 채은이는 활짝 웃으며 엄마와 하이파이브를 합니다. '자 이제 정리시간~ 이건 채은이 서랍에 넣으세요' 빨래 개기 끝!

　너무나 익숙하고 평범한 빨래 개기의 모습입니다. 동시에 정말로 훌륭하게 NDBI를 실행한 시간이었습니다. 하나씩 살펴볼까요?

　첫째, 채은이의 동기와 흥미를 잘 활용하였습니다. 빨래 개는 시간은 채은이가 좋아하는 시간이기 때문에 빨래 개기에 즐겁게 참여할 수 있었고 엄마의 말에 귀를 기울였습니다.

　둘째, 채은이의 발달 수준에 적절했습니다. 채은이는 옷의 종류나 색깔, 크기, 소유에 맞게 분류할 수 있습니다. 같은 것을 찾을 수 있고, 익숙한 물건의 제자리가 어디인지 알고 있습니다. 또한, 엄마의 한 가지 지시를 듣고 따를 수 있고, 1음절로 자신의 의견을 표현할 수 있습니다. 빨래 건조대에 널려 있는 빨래를 두 손으로 잡아당겨 걷을 수 있고, 간단한 동작을 보고 따라 할 수 있습니다. 엄마는 채은이의 발달 수준에 맞는 말로 빨래를 걷고, 옷을 찾고, 수건과 양말을 개고, 서랍에 정리하게 하였습니다.

셋째, 채은이가 주도적으로 빨래 개기에 참여할 수 있었습니다. 채은이가 제일 좋아하는 빨래 걷어 던지기로 시작했고, 빨래를 개는 동안 엄마는 채은이가 하는 것을 따라 하기도 하고, 무엇을 할지 물어보아 채은이가 하고 싶은 대로 할 수 있게 해주었습니다.

넷째, 채은이의 행동과 마음을 잘 읽어주었습니다. 채은이가 빨강 티셔츠를 찾으면 '빨강 티셔츠 찾았다'고 말해주고, 채은이가 야옹이 원피스를 보고 엄마를 쳐다보면 '야옹이 티셔츠 입고 있다는 말이구나' 해석해 주었습니다. '도-'라고 말하면 '도와줘'라고 정확하게 채은이의 마음을 읽어주었습니다. 이러한 행동과 마음 읽기는 채은이가 소통하는 즐거움을 알게 해주고, 채은이가 하고 싶은 말이 있을 때 어떻게 표현하면 되는지 모델링이 되기도 합니다.

다섯째, 채은이가 표현할 수 있는 기회를 많이 만들었습니다. 야옹이 원피스를 입고 있는 것을 알면서 일부러 야옹이 원피스를

자폐 영유아와 함께 놀이하며 성장하기

찾아 달라고 하니 채은이는 이 상황을 바로잡기 위해 말을 해야 합니다. 의사소통 유혹하기 대성공입니다. 뭐 하고 싶은 지 물어봐서 채은이가 선택할 수 있게 했습니다. 양말 개기를 스스로 하도록 해서 도와달라고 요청하게 했습니다.

여섯째, 채은이가 자연스럽게 학습할 수 있는 기회를 만들었습니다. 행동의 ABC를 찾으셨나요? 채은이 옷 찾기 놀이에서(A) 채은이가 옷을 찾으면(B) 티셔츠 찾았다!고 칭찬하는(C) 일련의 과정을 통해 채은이는 자연스럽게 자신의 옷을 찾는 것을 배우게 됩니다. 또, 수건 개는 방법을 차례로 알려주기도 하였고, 양말 개기는 정말 어려운 일이지만 도움을 많이 줘서 채은이가 성공할 수 있게 해주었습니다. 채은이는 하이파이브를 하며 다음에 또 성공하고 싶다는 생각을 했을 것입니다.

아이가 다 잠들 때까지 집안일을 미루고 아이를 돌보다 아이가 잠들면 그제서야 피곤에 지친 몸을 이끌고 밀린 집안일을 하는 힘든 일상을 보내고 계신가요? 아이를 돌보는 것과 집안일은 동시에 할 수 있습니다. 아이가 깨어 있는 시간에 아이와 함께 집안일을 해보세요. 함께 집안일을 하면 첫째, 아이는 자연스럽게 삶 속에서 다양한 것을 경험할 수 있습니다. 집안일은 사소해 보이지만 독립적으로 생활하기 위한 기본적인 기술의 집합체입니다. 이 기회를 잘 활용하면 따로 시간을 내지 않아도 자연스럽게 생활기술을 배우게 할 수 있습니다. 둘째, 그동안 배운 것을 실생활에 일반화할 수 있습니다. 그림카드에서 빨간색을 고를 줄 아는 것에서 그쳐서는 안 되고 빨래 더미 속에서 빨강 티셔츠를 찾을 수 있어야 진짜 빨간색을 안다고 말할 수 있습니다. 셋째, 아이가 잘 때 함께 쉴 수 있습니다. 넷째, 시간이 아주 잘 갑니다.

오늘은 NDBI를 하겠어! 하고 대단한 마음을 먹지 않아도 됩니다. 거창한 계획도 준비물도 필요 없습니다. 그저 평범한 일상을 살아가는 것만으로도 아이에게는 충분히 좋은 배움의 시간이 될 수 있습니다.

자폐 영유아와 함께 놀이하며 성장하기

함께 자라가는
기쁨

짝짝짝, 축하합니다. 지금까지 내 아이를 제일 잘 아는 전문가로서, 아이가 잘 자라도록 돕기 위해서는 어떤 것을 해야 하는지 모두 알아보았습니다. 지금까지 배운 Love, Play, Learn 전략들을 이제부터는 일상생활 속에서 사용하여 아이와 애착관계를 맺고, 함께 놀이하면서 놀이 속에서 자연스럽게 많은 것들을 가르치게 될 것입니다.

처음에는 전략도 새롭고 놀이도 새롭기 때문에 하루 15분만 NDBI를 적용한 놀이를 해도 머리에서 쥐가 날지도 모릅니다. 하지만 매일매일 꾸준히 하다 보면 점차 몸에 익어 쉽게 사용할 수 있을 것입니다. 마치 자전거를 타듯 말입니다. 처음에는 아이와 놀이를 한다는 것 자체가 부담스러울 수 있고, 어떻게 놀아야 할지도 모르겠고, 전략을 사용해봐야지 다짐을 했지만 하나도 적용하지 못할 수도 있습니다. 괜찮습니다. 놀이가 익숙해지고 아이와 소통하는 즐거움을 알게 되면 분명 조금 더 나아질 것입니다. 엄마 아빠가 가르치고자 했던 것을 아이가 해낸다면 더욱 자신감이 붙을 것입니다.

삶에서 배우기

많은 연구에서 자폐 아동을 위한 중재는 주당 25시간 이상일 때 효과가 좋다고 합니다. 그래서 조기에 집중적인 중재를 하기 위해 영유아시기 아이에게 모든 것을 쏟아붓는 부모님이 많습니다. 게다가 아이가 깨어있는 시간 대부분을 여기저기 치료실에서 보내는 분들도 많습니다. 그렇지만 연구에서 권장하는 주당 25시간 이상은 치료실에서 25시간 이상을 보내야 한다거나, 주 5일 5시간씩 치료실에 다녀야 한다는 말이 아닙니다. 오히려 아이의 삶 속에서, 일상 환경과 생활에서 중재가 제공되어야 한다는 말입니다. 그렇다면 이제부터 엄마 아빠가 주당 25시간 이상 집에서 아이를 붙잡고 해야 하는 걸까요? 전혀 그렇지 않습니다. 아이와 함께 집중해서 놀이하는 시간은 15분이면 됩니다. (물론 15분씩 두 번 하면 더 좋습니다.) 15분 동안 바짝 연습하고, 나머지 23시간 45분 동안은 삶 속에서 자연스럽게 Love, Play, Learn 전략을 사용하면 됩니다. 밥 먹을 때 물 달라고 요청하면 물을 건네주어 강화하세요. 산책을 나갈 때 아이가 어디에 관심을 보이는지 따라가보세요. 빨래를 개면서 빨간색을 가르치고, 칭찬해주세요. 언제나 아이에게 따뜻한 눈빛으로 대해주시고 귀를 기울여주세요. 아이는 엄마 아빠와의 즐거운 놀이 속에서, 다채로운 일상생활 속에서 자랍니다.

다양한 전략을 함께 사용하기

아이와 어떻게 놀이하면 좋을지 막막했던 날들을 뒤로 하고, 여러분은 이제 훌륭한 연장통을 가지게 되었습니다. 이 연장을 적재적소에 맞춰 사용하면 쉽게 멋진 작품을 만들 수 있습니다. 모든 전략을 다 쓸 필요도 없지만 한 놀이 안에 다 적용할 수도 없습니다. 그때그때 아이를 관찰하면서 필요한 전략을 가져다 쓰면 됩니다. 아이가 놀잇감에도 엄마 아빠에게도 관심이 없다면 모방부터 해보면 됩니다. 이미 익숙한 놀이가 진행중이면 지금쯤 관심의 초점을 넓혀볼까, 하고 욕심을 내봐도 됩니다. 언제든 아이의 주도를 따르면서 적절한 때에 살짝 도움을 줘서 아이가 새로운 기술을 배울 수 있도록 하고, 아이가 성공했을 때 보상을 해서 아이가 그 행동을 다양한 상황에서 익숙하게 할 수 있도록 이끌어주세요. 아이가 얼마나 이 놀이에 즐겁게 참여하고 있는지 살펴보고, 동기를 지속적으로 유지할 수 있는 다양한 전략을 사용해보세요.

아이와 함께 자라기

엄마 아빠와의 놀이 속에서 아이가 잘 자라게 하기 위해서는 먼저 엄마 아빠가 성장해야 합니다. 전략을 처음 사용할 때는 이렇게 하는 게 맞는지조차 헷갈릴 것입니다. 그렇지만 시간이 지날수록 정확하게 실행해야 합니다. 엄마 아빠가 중재를 얼마나 정확하게 실행하느냐가 아이의 배움과 발달에 영향을 미칩니다.[26] 그렇기 때문에 전략을 정확하게 사용하기 위해 끊임없는 연습과 노력을 해야 합니다. 가장 좋은 방법은 역시 전문가의 도움을 받는 것

자폐 영유아와 함께 놀이하며 성장하기

입니다. 국내에 도입된 NDBI 프로그램에 참여하는 것이 가장 좋겠지만, 완벽하진 않더라도 다른 전문가의 도움을 받을 수도 있습니다. 요즘에는 부모-자녀 양육코칭 프로그램도 많이 시도되고 있고, 꼭 부모교육이 아니더라도 중재 시간에 부모가 함께 참여할 수 있도록 하는 기관도 늘어나고 있습니다. 이런 기회를 잘 활용하여 아이와 놀이하는 모습을 전문가에게 점검 받으면 훨씬 더 적절하게 중재 전략을 사용할 수 있을 것입니다.

스스로 점검하는 방법도 있습니다. 어떤 전략을 사용했는지, 얼마나 정확하게 사용했는지 점검표를 만들어 체크해 보세요. 아이와 어떤 놀이를 하였는지, 아이는 어떤 반응을 보였는지 매일매일 놀이를 기록해 보세요. 엄마 아빠의 성장은 물론 아이의 성장도 함께 확인할 수 있습니다.

전문가와 협력하기

엄마 아빠가 아이에게 중재를 할 수 있게 되었다고 해서 이제 더 이상 교육과 치료가 필요 없다는 말은 아닙니다. 이전에는 전문가에게 그저 맡겨두기만 했다면 이제는 엄마 아빠도 함께 아이가 자라는데 중요한 역할을 해야 합니다. 또, 앞으로 만날 많은 교사, 치료사와 함께 키워가야 합니다. 아이의 발달을 진단하고, 아이에게 적절한 목표를 세우고, 얼마나 자랐는지 점검하고, 교육이나 치료의 방향을 살피는 것은 전문가와 함께하는 것이 좋습니다. 아이가 배워야 할 많은 것 중에서 가족에게 의미있는 것을 우선순위로 놓고 하나씩 하나씩 놀이 속에서 배울 수 있도록 전문가와 함께 계획을 세워보세요.

목표에 따라 계획을 세운 다음에는 교육/치료와 가정의 일상을 연계하는 작업을 해야 합니다. 유치원에서 오늘 어떤 놀이를 했고, 어떤 상황에서 어떤 말을 배웠다고 선생님이 전해주면 집에서 그 놀이를 다시 해보는 겁니다. 그 말을 한번 시켜보는 겁니다. 그런 뒤에 다시 선생님과 결과를 나눠보세요. 집에서도 했는데 어떨 때 잘했고 어떨 때 잘 못했는지 이야기하고, '선생님 어떻게 하면 좋을까요?' 하고 함께 의논해보세요. 그러면 적절한 전략을 찾을 수 있습니다. 전문가와 계속 협의하면서 유치원에서 배운 것, 치료실에서 배운 것을 집에서도 할 수 있게 해주세요. 일반화의 지름길이 됩니다.

어느 정도 기간이 지나면 꼭 아이가 얼마만큼 자랐는지 전문가와 함께 확인해보세요. 그동안 가정과 기관에서 했던 중재가 정말 효과가 있었는지 확인해보고, 효과가 있었다면 다음 목표를 설정하세요. 효과가 없었다면 왜 그랬는지 함께 논의해보고 목표를 다시 세우거나 다른 중재 전략을 택하세요.

그 아이만의 단 한 사람

초등교사 권영애 선생님이 쓰신 《그 아이만의 단 한 사람》이라는 책에 보면 한 사람에게 받은 깊은 존중과 사랑이 평생을 살아낼 마음의 힘이 된다고 하였습니다. NDBI 전략이 적용된 SCERTS 모델을 개발한 베리 프리젠트 박사의 책 《독특해도 괜찮아》에서는 아이에게 꼭 맞는, 아이에게 꼭 필요한 것을 가진 사람을 'It-person'이라고 합니다. 권영애 선생님의 '그 아이만의 단 한 사람'이 바로 베리 프리젠트 박사의 'It-person'입니다. 엄마 아빠는 우리 아이만의 단 한 사람이자 It-person이 되어야 합니다. 아이를 존중하고, 사랑해야 합니다. 깊은 관심으로 아이를 이해하려 노력하고, 아주 작은 신호에 귀 기울여야 합니다.

우리의 목표는 우리 아이가 좋아하는 방식으로, 자신에게 의미있는 타인과, 의미있는 관계를 맺으면서 살아갈 수 있게 하는 것입니다. 엄마 아빠의 믿음과 사랑, 존중이 전해진다면 우리 아이는 분명 다른 사람과 함께 세상을 즐겁게 살아갈 수 있을 것입니다.

1 Zwaigenbaum, L., Bauman, M. L., Choueiri, R., Kasari, C., Carter, A., Granpeesheh, D., Mailloux, Z., Roley, S. S., Wagner, S., & Fein, D. (2015). Early intervention for children with autism spectrum disorder under 3 years of age: Recommendations for practice and research. Pediatrics, 136(Supplement 1), S60-S81. https://doi.org/10.1542/peds.2014-3667E

2 Maenner, M. J., Warren, Z., Williams, A. R., Amoakohene, E., Bakian, A. V., Bilder, D. A., Durkin, M. S., Fitzgerald, R. T., Furnier, S. M., Hughes, M. M., Ladd- Acosta, C. M., McArthur, D., Pas, E. T., Salinas, A., Vehorn, A., Williams, S., Esler, A., Grzybowsk, A., Hall-Lande, J., … Shaw, K. A. (2023). Prevalence and characteristics of autism spectrum disorder among children aged 8 years — Autism and developmental disabilities monitoring network, 11 Sites, United States, 2020. MMWR Surveill Summ, 2023(72(No. SS-2)), 1-14. https://doi.org/10.15585/mmwr.ss7202a1

3   Kim, Y. S., Fombonne, E., Koh, Y.-J., Kim, S.-J., Cheon, K.-A., & Leventhal, B. L. (2014). A comparison of DSM-IV pervasive developmental disorder and DSM-5 autism spectrum disorder prevalence in an epidemiologic sample. Journal of the American Academy of Child & Adolescent Psychiatry, 53(5), 500-508. https://doi.org/10.1016/j.jaac.2013.12.021

4   Pierce, K., Gazestani, V. H., Bacon, E., Barnes, C. C., Cha, D., Nalabolu, S., Lopez, L., Moore, A., PenceStophaeros, S., & Courchesne, E. (2019). Evaluation of the diagnostic stability of the early autism spectrum disorder phenotype in the general population starting at 12 months. JAMA Pediatr, 173(6), 578-587. https://doi.org/10.1001/jamapediatrics.2019.0624

5   Bettelheim, B. (1967). Empty fortress: Infantile autism and the birth of the self. New York: Free Press.

6   Kluth, P. (2003). You're going to love this kid!: Teaching students with autism in the inclusive classroom. Brookes Publishing.

7   Schreibman, L., Dawson, G., Stahmer, A. C., Landa, R., Rogers, S. J., McGee, G. G., ⋯ & Halladay, A. (2015). Naturalistic developmental behavioral interventions: Empirically alidated treatments for autism spectrum disorder. Journal of Autism and Developmental Disorders, 45, 2411-2428

8   Hirsch, J., Zhang, X., Noah, J. A., Dravida, S., Naples, A., Tiede, M., Wolf, J. M., & McPartland, J. C. (2022). Neural correlates of eye contact and social function in autism spectrum disorder. PLoS One, 17(11), e0265798. https://doi.org/10.1371/journal.pone.0265798

9   Lauttia, J., Helminen, T. M., Leppanen, J. M., Yrttiaho, S., Eriksson, K., Hietanen, J. K., & Kylliainen, A. (2019). Atypical Pattern of Frontal EEG Asymmetry for Direct Gaze in Young Children with Autism Spectrum Disorder. J Autism Dev Disord, 49(9), 3592-3601. https://doi.org/10.1007/s10803-019-04062-5

10 Trevisan, D. A., Roberts, N., Lin, C., & Birmingham, E. (2017). How do adults and teens with self-declared Autism Spectrum Disorder experience eye contact? A qualitative analysis of first-hand accounts. PLoS One, 12(11), e0188446. https://doi.org/10.1371/journal.pone.0188446

11 Leong, V., Byrne, E., Clackson, K., Georgieva, S., Lam, S., & Wass, S. (2017). Speaker gaze increases information coupling between infant and adult brains. Proceedings of the National Academy of Sciences of the United States of America, 114(50), 13290-13295. https://doi.org/10.1073/pnas.1702493114

12 Watson, L. R. (1998). Following the child's lead: Mothers' interactions with children with autism. Journal of Autism and Developmental Disorders, 28, 51-59. https://doi.org/10.1023/A:1026063003289

13 Jin, M. K., Jacobvitz, D., Hazen, N., & Jung, S. H. (2012). Maternal sensitivity and infant attachment security in Korea: Cross-cultural validation of the strange situation. Attach Hum Dev, 14(1), 33-44. https://doi.org/10.1080/146 16734.2012.636656

14 McCollum, J. A., Ree, Y., & Chen, Y.J. (2000). Interpreting parent—infant interactions: Cross-cultural lessons. Infants & Young Children, 12(4), 22-33. https://doi.org/10.1097/00001163-200012040-00008

15 Ashton-James, C., van Baaren, R. B., Chartrand, T. L., Decety, J., & Karremans, J. (2007). Mimicry and me: The impact of mimicry on self-construal. Social Cognition, 25(4), 518-535. https://doi.org/10.1521/soco.2007.25.4.518

16 van Baaren, R. B., Holland, R. W., Kawakami, K., & van Knippenberg, A. (2004). Mimicry and Prosocial Behavior. Psychological Science, 15(1), 71-74. https://doi.org/10.1111/j.0963-7214.2004.01501012.x

17 Rizzolatti, G., & Craighero, L. (2004). The mirror-neuron system. *Annual*

Review of Neuroscience, 27, 169-192. https://doi.org/10.1146/annurev.
neuro.27.070203.144230

18 Gulsrud, A. C., Hellemann, G., Shire, S., & Kasari, C. (2016). Isolating active
ingredients in a parentmediated social communication intervention for
toddlers with autism spectrum disorder. J Child Psychol Psychiatry, 57(5),
606-613. https://doi.org/10.1111/jcpp.12481

19 Reed, S. R., Stahmer, A. C., Suhrheinrich, J., & Schreibman, L. (2013).
Stimulus overselectivity in typical development: Implications for teaching
children with autism. Journal of Autism and Developmental Disorders, 43,
1249-1257.

20 Bruinsma, Y. E., Minjarez, M. B., Schreibman, L., & Stahmer, A. C. (2020).
Naturalistic developmental behavioral interventions for autism spectrum
disorder (p. 354). Brooks Publishing. 발췌 수정

21 Bruinsma, Y. E., Minjarez, M. B., Schreibman, L., & Stahmer, A. C. (2020).
Naturalistic developmental behavioral interventions for autism spectrum
disorder (pp. 184-185). Brooks Publishing. 발췌 수정

22 Koegel, R. L., Egel, A. L., & Williams, J. A. (1980). Behavioral contrast
and generalization across settings in the treatment of autistic children.
Journal of Experimental Child Psychology, 30(3), 422-437. https:// doi.
org/10.1016/0022-0965(80)90048-X

23 Williams, J. A., Koegel, R. L., & Egel, A. L. (1981). Response-reinforce
relationships and improved learning in autistic children. Journal of Applied
Behavior Analysis, 14, 53-60. https://doi.org/10.1901/jaba.1981.14-53

24 Schreibman, L., Stahmer, A. C., Barlett, V. C., & Dufek, S. (2009). Brief report:
Toward refinement of a predictive behavioral profile for treatment outcome
in children with autism. Research in Autism Spectrum Disorders, 3(1), 163-
172. https://doi.org/10.1016/j.rasd.2008.04.008

자폐 영유아와 함께 놀이하며 성장하기

25 《장애 영유아를 위한 교육》, 도널드 베일리, 마크 윌러리 공저, 이소현 역(2003)에서 발췌수정

26 Durlak, J. A., & DuPre, E. P. (2008). Implementation matters: A review of research on the influence of implementation on program outcomes and the factors affecting implementation. American Journal of Community Psychology, 41(3), 327-350. https://doi.org/10.1007/s10464-008-9165-0

자폐 영유아와
함께 놀이하며 성장하기
부모를 위한 생활 속 NDBI 가이드

초판 1쇄 펴낸 날 2024년 5월 5일

지은이 남보람
펴낸이 이후언
편집 이후언
디자인 윤지은
인쇄 하정문화사
제본 강원제책사

발행처 새로온봄
주소 서울시 관악구 솔밭로7길 16, 301-107
전화 02) 6204-0405
팩스 0303) 3445-0302
이메일 hoo@onbom.kr
홈페이지 www.onbom.kr

© onbom, 2024. Printed in Seoul, Korea

ISBN 979-11-987413-0-1 (03590)